Messerscharfe Kunst

Mit dem Amboss per Du

Impressionen aus der Schmiede

Eindrücke, Empfindungen und Bilder
aus der Sauerländer Kunstschmiedewerkstatt des Kilian Kreutz,
Rönkhausen im kurkölnischen Teil des Sauerlandes

Heribert Saal

Impressum:

Autor: Heribert Saal
Fotos: Heribert Saal, Kilian Kreutz,
Herausgeber: cw Nordwest Media Verlagsgesellschaft mbH (NWM-Verlag) unter dem Label foxbooks
Am Lustgarten 1 • 23936 Grevesmühlen • Tel.: 03881/23 39 • Fax: 03881-79 143
E-Mail: info@nwm-verlag.de • www.nwm-verlag.de • www.foxbooks.de

Gesamtherstellung: © cw Nordwest Media Verlag Grevesmühlen

ISBN: 978-3-946324-11-9

Der Autor

Heribert Saal, von Haus aus Dipl. Verwaltungswirt, ist neben seiner Jagdpassion auch ein leidenschaftlicher Liebhaber von schönen Messern, vor allem Damaszenermessern.
Er hat sich durch viele Veröffentlichungen, sei es in der Jagdpresse oder dem Messermagazin, einen Namen gemacht. Auch sein Jagdbuch „Beschenkte Stunden" hat regen Anklang gefunden. Es wurde im Verlag Neumann-Neudamm, Melsungen verlegt.
Sein besonderes Verdienst ist aber die Messersparte V-Flak von **Kilian Kreutz.**
Es sind dies Damaszenermesser, geschmiedet unter Verwendung des Geschützstahls einer Vierlings-Fliegerabwehrkanone aus dem 2. Weltkrieg.
Hier hat er durch das enge und freundschaftliche Verhältnis zu dem Schmied- und Messermacher **Kilian Kreutz** einen Anteil an den wunderschönen Messern dieser Serie.

*Kilian Kreutz an der Kohlenesse –
in der linken Hand den Eisenstab,
an dessen Ende sich das verschweißte Paket
mit den verschiedenen Stahlplatten,
das sogenannte Damastpaket, befindet.*

Inhalt

Küchenmesser – Eigenkreation des Autors – mit Griff aus Redwood (Mammutbaum) und Damaszenerstahl (Banddamast) von Markus Balbach, etwa 160 Lagen, Stahlsorten 1.2842 und 1.2767, Gesamtmesser Thomas Roth

Vorwort

Messer sind Gegenstände des täglichen Lebens. Sie fehlen in keinem Haushalt. Jeder benutzt sie wie selbstverständlich und macht sich weiter keine Gedanken darüber, was wäre, wenn es sie nicht gäbe. Tatsache ist aber, dass sie über Jahrtausende der unentbehrliche Helfer des Menschen sind und ihm bis heute das Leben in vielerlei Hinsicht erleichtern.

Aber es gibt Berufsgruppen, für die Messer noch weit mehr sind. Es sind speziell ausgedachte Handwerkszeuge mit hohem Qualitätsanspruch. Man denke an die Schnitzer, die mit einer Vielzahl verschiedener Messerformen aus einem Stück Holz einen Kunstgegenstand entstehen lassen.
Oder die Metzger, die ebenfalls mit unterschiedlichen Messern – jedes für einen besonderen Arbeitszweck – flink und gekonnt Schlachttiere zerlegen und portionsgerecht zuschneiden. Zum Kult gar wird ein Messer beim ersten Koch der gehobenen Gastronomie. Das nur diesem Koch zustehende Messer – meist sein Eigentum – wird nicht umsonst als Chefmesser bezeichnet. Und wehe dem Lehrling, der es unbefugt anfasst. Er bekommt mit Sicherheit einiges zu hören.

Und dass vielfach Messer eine gewisse Faszination ausstrahlen, hat, glaube ich, jeder schon mal erfahren. Wobei die Ausstrahlung bestimmter Messer nicht nur das starke Geschlecht erfasst, sondern durchaus auch die Damenwelt.

I. Der Stahl, das Land, der Schmied

Viele Menschen, ja die meisten, haben kein Verhältnis zum Stahl. Für sie ist er ein Stück kaltes Eisen, seelenlos, ohne Leben. Der Unterschied gar von Eisen zu Stahl ist häufig so gut wie unbekannt. Ja, bei Holz, da sieht die Sache anders aus. Holz lebt! Das weiß jeder. Und Holz ist warm und sympathisch.

Dass diese Anschauung nur zum Teil zutrifft, ist denen bekannt, die mal den Anschliff eines Stahlstücks mittels Elektronenmikroskop betrachten durften und auf diese Weise einen Blick in das Gefüge des Stahls tun konnten. Noch spektakulärer wird diese Sicht, wenn das gleiche Stück Stahl nach Bearbeitung (zum Beispiel Kalthämmern, Schmieden oder Erhitzen) zeigt, welche Veränderungen dadurch im Gefüge entstanden sind. Gleiches gilt für die Spektralanalyse, die genauestens den Anteil der Elemente wie Nickel, Wolfram, Kohlenstoff, Mangan, Vanadium usw. im Stahl anzeigt. Somit ist klar, auch Stahl lebt.

Damaststahl nun hat unter allen Stahlsorten eine Sonderstellung.
Woher kommt das und wo steckt der besondere Zauber dieses Stahls?

Ist es das Wort „Damaszener“, welches, abgeleitet von der syrischen Stadt Damaskus, vor dem inneren Auge die Geheimnisse des Orients entstehen lassen? Oder sind es die unterschiedlichsten Muster, die die Klingen des Damaststahls aufweisen? Oder ist es die Elastizität und Schärfeleistung dieses Stahls? Ich würde sagen, ja, all das zusammen lässt diesen Zauber entstehen.

Doch mit einer Mär muss aufgeräumt werden. Der Damaszenerstahl wurde keineswegs in Damaskus erfunden (da waren eher die Kelten und Germanen für verantwortlich). Damaskus war jedoch in der Frühzeit ein Haupthandelsplatz für Lanzen, Messer und Schwerter aus Damaststahl. Möglicherweise hat das dazu geführt, Blankwaffen aus dieser Region als Damaszener zu bezeichnen.

In Deutschland gibt es mittlerweile wieder eine durchaus erkleckliche Zahl an Hammerschmieden, die sich der Herstellung von Damaststahl verschrieben haben – wobei es regionale Schwerpunkte gibt.

Das Sauerland als Land der tausend Berge und demzufolge auch der vielen Täler, mit seinen Bächen und Flüssen, ist ein Refugium der Schmiedebetriebe.

Schon im Mittelalter gab es in dieser Region die mit Wasserkraft betriebenen Schmiedehämmer, die so genannten Osemundhämmer. Um die Wasserkraft ständig zur Verfügung zu haben, wurden Bäche aufgestaut. Es entstanden die Hammerteiche, oft mehrere hintereinander, die fortan typisch waren für die Landschaft in den Tälern.

Bis in das Industriezeitalter und auch heute noch gibt es einige wenige Betriebe, die in den Werkhallen mittels unterm Dach angebrachten Wellen und Lederriemen, der sogenannten Transmission, die Wasserkraft an die Riemenfallhämmer leiten. Es liegt daher auf der Hand, dass viele Menschen in dieser Region das Schmiedehandwerk erlernten und in alter Tradition den Stahl per Schmiedehammer verformten.

Hammerteicheinlauf mit Schieber

Der Freiformschmied stellte Pfannen, Spaten und Schaufeln her, der Kunstschmied Werke wie schmiedeeiserne Geländer und Tore, aber auch Figuren in künstlerischer Weise.

Und wer das kann, ist auch befähigt, Damaststähle zu schmieden. Heute zwar mehr unterm Lufthammer, doch auch der Handhammer samt Amboss hat traditionell immer noch seine Bedeutung.

Obergrabeneinlauf in den tieferen Arbeitsteich

Haupthaus mit rechtsseitiger Fabrikationshalle und dem Einlauf für das Wasserantriebsrad (ehem. Firma Paul Schulte, Spaten- und Stielfabrik in Herscheid, Schwarze Ahe).

*Böker Jahresklappmesser 1986
mit Messingbacken und weinrotem Leinenmicarta,
Hechtklinge aus wildem Damast*

Mich hat Damaststahl schon immer fasziniert, auch und wegen der vielfältigen Zeichnungen im Stahl. Wie das entstand, wusste ich damals, als ich mein erstes Damastmesser – ein Jahresklappmesser 1986 der Firma Böker – kaufte, so genau nicht; aber ansprechen und gefallen taten mir diese Klingen. Und die Vision vom unzerbrechlichen Schwert aus Damaststahl schwebte irgendwo im Kopf und trug zum Mythos der Damastklingen bei.

Doch vor allem waren es die besonderen Eigenschaften und die Herstellungsweise dieses Stahls, die mich fesselten. Messerklingen oder Schwerter aus Damaststahl sind ja unter den Stahlsorten einzigartig aufgrund ihrer geschmiedeten Herstellungsweise. Die Verschmelzung, oder richtiger gesagt, die unterm Schmiedehammer mittels tonnenschwerer Hammerschläge erfolgte Feuerverschweißung von verschiedenen Stahlsorten bei teilweise sehr hohen Schmiedetemperaturen – 1100, 1200 Grad und mehr – die handwerkliche Kunstfertigkeit des Schmiedes und das Händchen bei der richtigen Auswahl der verschiedenen Stahlsorten, die dann, zusammengefügt in dem geschmiedeten Damastpaket, zu einem neuen, ganz eigenen Stahlgefüge mit besonderen Eigenschaften führen, das ergibt die Faszination, die nur dem Damaszenerstahl zu eigen ist.

Wilder Damast, 350 Lagen,
aufgeschmiedet auf Monostahlklinge,
Kilian Kreutz Jagdmesser

Der einfachste aber zugleich auch ursprünglichste Damast ist der wilde Damast. Hier verschweißen die einzelnen Stahlplatten nach dem Zufallsprinzip miteinander, man könnte sagen, der Damast entsteht, so wie Gott ihn schuf.

Aber letztendlich bezaubern alle Damastarten, sei es Banddamast, große oder kleine Rosen, Torsionsdamast, türkischer Damast usw. durch ihre fantastischen Zeichnungen im Stahl. Keine Klinge gleicht der anderen, jede einzelne ist ein Unikat. Zwar kann des Schmiedes Hand manche Zeichnung vorgeben, aber sie bleibt so individuell wie der Schmied selbst. Kenner können in nicht wenigen Fällen vom Damastmuster und vom Stahl auf den Schmied schließen.

Und beim geneigten Betrachter und Liebhaber von Damaszenerklingen und den daraus entstandenen Messern entstehen Emotionen und Wünsche, die für den Geldbeutel gefährlich sind.

Man träumt von einem herrlichen Messer mit einem Griff aus Wüsteneisenholz oder Mammutelfenbein und der Wunsch nach Besitz wird oft übermächtig.

SHS Aufbruchmesser.
Eigenkreation des Autors.
Torsionsdamast Markus Balbach, 160 Lagen,
Stahlsorten: 1.2842 und 1.2767,
Griff: Wüsteneisenholz Premiumqualität

Über das Messerforum im Internet erfuhr ich, dass es in unmittelbarer Nähe zu meinem Wohnort einen qualifizierten Damast- und Messerschmied gibt. Es ist der **Kilian Kreutz** aus Rönkhausen im kurkölnischen Sauerland. Ich besuchte ihn in seiner Schmiede. Wir verstanden uns auf Anhieb und gingen bald zum vertrauten „Du“ über.

Obwohl noch jung an Jahren, ragt er mit seinen Arbeiten weit über das hinaus, was man gemeinhin an Messerschmiedearbeiten sieht. Er hat sich durch sein Gespür für Form und Material und sein handwerklich penibles Arbeiten einen Ruf erarbeitet, den manche erst in späten Jahren, wenn überhaupt, erlangen.

Seine fast leidenschaftliche Liebe zum Schmieden ist der Antrieb für immer neue Kreationen gerade auf dem Messersektor. Nicht umsonst hat ihn die Deutsche Messermachergilde, ein elitärer Kreis von Premiummessermachern, aufgefordert, einen Aufnahmeantrag zu stellen.

Kilian Kreutz

*In Kilians Schmiede.
Großes Tor in der Endfertigung;
unten rechts vorbereitete Damastpakete
mit angeschweißten Haltestäben*

Ich fragte ihn, wie es denn gekommen sei, dass er als Metallbauermeister, der ja mehr mit Toren und Geländern zu tun hat, zu den so feinen und filigranen Messern gekommen sei.

Seine Antwort hat mich dann aber nicht wirklich überrascht, waren es doch die gleichen Beweggründe wie bei mir selbst. Er habe, so Kilian, immer schon ein Faible für handgefertigte und aus dem Feuer geborene Messer gehabt. Die alte Feldesse und der immer noch gebrauchsfähige Amboss seines Großvaters seien der Anfang gewesen. Vor allem der Gedanke – entstanden schon als Junge mit 8 - 9 Jahren – ein Werkzeug zu erschaffen, das schon seit Urzeiten der hilfreiche Begleiter des Menschen gewesen sei, hätte ihn beflügelt und geleitet. Und zudem selbst das Werkzeug zu sein, zu sehen, wie unter den eigenen Händen das anfänglich rohe Metall immer mehr Form annimmt bis hin zu dem Schlusspunkt, dem eleganten und formvollendeten Messer, das fasziniere ihn bis heute.

Wobei es irgendwie vorgezeichnet war, dass er den Schmiedeberuf ergreifen würde. Da hat das bereits im jugendlichen Alter geübte Schmieden von Pfeilspitzen mittels Hammer und Amboss einen prägenden Einfluss ausgeübt. Kilian weiter: ***„Für mich war immer klar, in den Schmiedeberuf zu gehen und so bin ich dann Metallbauer (Fachrichtung Metallgestaltung) geworden (früher Kunstschmied)"***. Die Meisterprüfung war dann der krönende Abschluss.

Kilians Design Küchenmesser;
sehr praktisch, funktionell
und einfach bildschön.

Griffmaterial Ebenholz,
Klingenmaterial C145SC – ein sehr reiner,
hoch kohlenstoffhaltiger Monostahl.
Griffbacken aus C45, verlötet und vernietet (Bronzenieten),
Klinge bis zum planen Teil in der Klingenmitte als Hohlschliff ausgeführt.
Gesamtlänge: 308 mm, wovon 175 mm auf die Klinge entfallen.

Heute sei es vor allem die Technik des Verschmiedens unterschiedlicher Stahlsorten zu einem neuen Ganzen, ob Damaszenerstahl oder armierter Stahl, die ihn fessle und herausfordere.

Kilians zweites, außergewöhnliches Talent ist die Formgebung, das Design, und die anschließende, handwerklich perfektionistische Umsetzung der Zeichnung in das projektierte Messerwerkzeug, sei es ein Jagd- oder Küchenmesser. Hilfreich für sein Formenverständnis waren die Seminare für Gestaltungslehre bei Alfred Bullermann. Einen weiteren Schub bekam er durch ein Praktikum bei dem anerkannten Messerschmied Ulrich Hennicke, Mitglied der Deutschen Messermachergilde. Kilian spricht auch heute noch voller Hochachtung von seinem damaligen Messer-Lehrmeister. Kilian: ***„Dort ist der endgültige Grundstein für meine spätere Selbständigkeit gelegt worden. Vor allem den Klappmesserbau habe ich dort erlernt.“***

Nachfolgend zwei Beispiele, dass ein Küchenmesser nicht zwangsläufig wie ein Küchenmesser aussehen muss. Das erste (links) ist ein Küchenmesser in bestechend eleganter, aber trotzdem praktischer Form.

Einfach perfekt gemacht

Armiertechnik, Schneidlage aus Wolfram legiertem Werkzeugstahl 1.2519. Im Schweißverbund sind auf die Monostahlklinge links und rechts Damaststahl (220 Lagen) aufgeschweißt. Der Damast besteht aus den Werkstoffen 1.2842 und 75Ni8. Die Backen sind als Zwinge ausgeführt und bestehen aus reinem Kupfer. Der Griff ist aus Ebenholz.

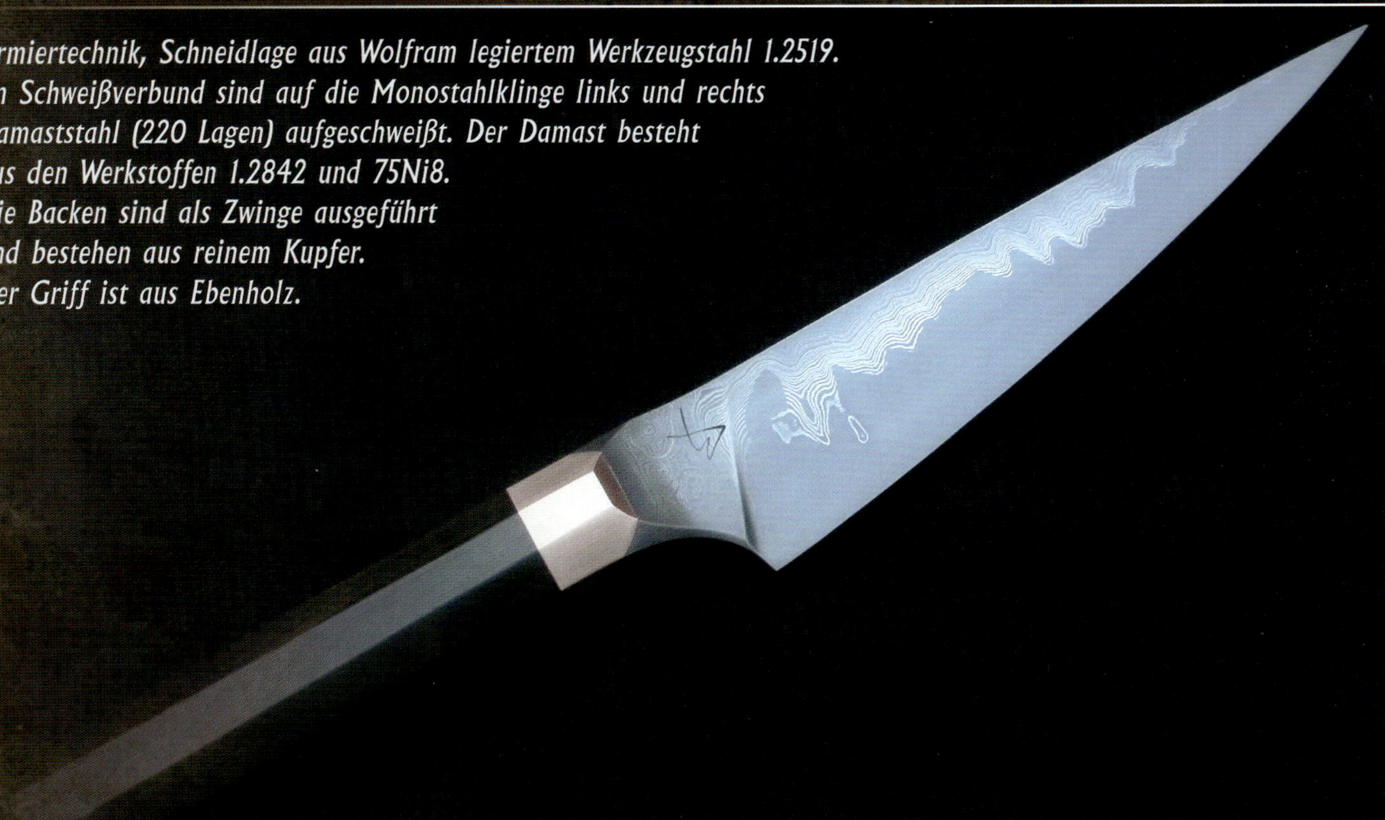

Die einzelnen Lagen vor dem Verschweißen. Mittig der 1.2519, oben und unten der Damaststahl

Das zweite ist, ja – auch ein Küchenmesser, aber doch mehr dem Design, der außergewöhnlichen Form zugewandt – halt mehr für die Vitrine.
Vor allem die äußerst spitze Klinge erscheint mir persönlich am Küchentisch einfach zu gefährlich. Aber die Form ist vollendet!

Detailansicht

Schlankes Klappmesser
mit Back Look Verschluss,
Klinge Wilder Damast, 120 Lagen,
diagonal ausgeschmiedet,
Stahlsorten 1.2842 und 75Ni8,
Griffholz: Ebenholz

Und hier das erste Klappmesser Kilians, basierend auf den Erkenntnissen des Praktikums bei dem Messermacher Ulrich Hennicke.

Klappmesser von Kilian Kreutz, höchste Eleganz

Kilian beim Abtrennen eines Rohrstücks mit der Flex

Für den jeweiligen Einsatzzweck den richtigen Stahl auszuwählen, auch das ist eine Kunst, die sich allerdings erst mit zunehmender Erfahrung einstellt. Kilian dazu wörtlich: *„Da habe ich auch Lehrgeld bezahlen müssen. Manches Schmiedeteil ist mir nach stundenlanger Arbeit dann doch misslungen und somit in der Tonne gelandet. Passiert vor allem bei komplizierten Damastschmiedearbeiten wie zum Beispiel bei dem Explosions-damast. Dabei wird das Damastpaket nochmals von der Stirnseite her verformt. Und da kann es passieren, dass sich durch die harten Hammerschläge des Lufthammers doch einzelne, nicht so fest miteinander verschweißte Lagen lösen. Dann ist das ganze Schmiedepaket nur noch Schrott. Aber nicht nur Schweißfehler, nein, auch das Härten der Klingen und die dort lauernden Tücken haben mir die eine oder andere unrettbar verzogene Klinge beschert."*

Beiläufig erzählte ich ihm von den Geschützrohren der Weltkriegs II Vierlings-Fliegerabwehrkanone, die ich durch Zufall hatte bergen können. Sie waren trotz ihres über 65jährigen Freiluftdaseins immer noch voll im Material. Die nur dünnnarbige Rostschicht auf den Läufen ließ auf einen besonderen Stahl schließen.

Vierlingsflak auf Fahrlafette

Flakrohre mit drei abgetrennten,
blankgeschliffenen Rohrstücken.
Man sieht, es ist genug Material vorhanden

Kilian war Feuer und Flamme. Ihn faszinierte der Gedanke, aus diesem seltenen Stahl Damastmesser zu schmieden; zum einen wegen der Herkunft und besonderen Legierung solcher Geschützstähle, zum anderen aber auch deswegen, weil dieser Stahl weltweit nicht mehr zur Verfügung steht.
Und nach gehörigem Überlegen, welche Stahlsorten am besten zum V-Flakstahl passen, ließ er mehrere Messer entstehen, welche ziemlich einmalig sein dürften.

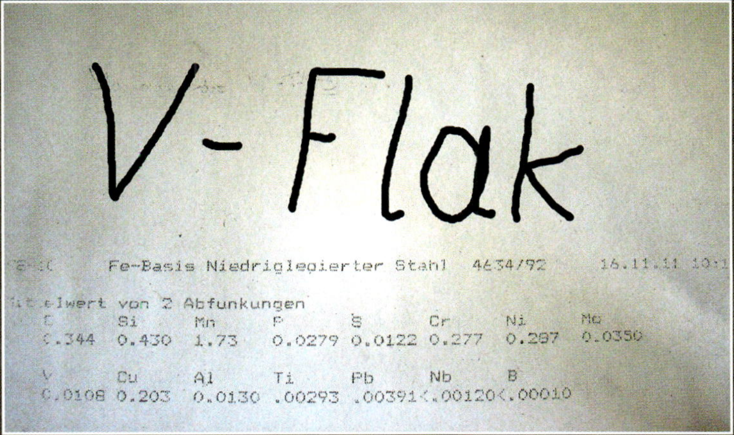

Links: Spektralanalyse des V–Flak Stahls, rechts: die Auswahl der Stahlsorten und die entsprechende Anzahl. Die Werkstoffbezeichnung 100Cr6 entspricht dem 1.3505 Wälzlagerstahl.

Damastpaket im Feuer.
Aus der Esse schnellstmöglich untern Hammer.
Schnellstmöglich deswegen, um die schädliche Sauerstoffzufuhr so gering wie möglich zu halten.

So fängt alles an. Das Zusammenfügen der verschiedenen Stahlsorten zu dem Damastpaket …

… und das Zusammenheften per Schweißnaht.

Durch mehrfaches Teilen und wieder Aufeinanderlegen des unterm Schmiedehammer lang gereckten Schmiedestücks entsteht im Stahlpaket eine Schichtung der einzelnen Stahlsorten, die beim Endprodukt Klinge oder Schwert neben der hohen Schärfe auch eine besondere Elastizität erzeugt.

Es gibt Klingen von 300, ja sogar 600 Lagen und mehr. Nach oben ist keine Grenze gesetzt, macht jedoch ab etwa 1000 Lagen keinen Sinn mehr, da man mit bloßem Auge die einzelnen Schichten nicht mehr erkennen kann.

Die Dynamik des ersten Hammerschlags. Damastpaket mit ca. 1200 Hitzegraden unterm Bär des Lufthammers.

Volle Konzentration: Damastschmiedepaket unterm Bär des Lufthammers.

Teilen des Stahlpakets bei etwa 1000 Grad

Nach dem Aufeinanderklappen (li.) wieder in die Esse und erneutes Hochglühen (re.)

Als erstes entstand ein großes Vielzweckmesser, das sogenannte V-Flak-Wildnismesser. Die mittige Hauptklinge, die sogenannte Schneidlage, besteht aus dem Werkzeugstahl 1.2235. Dieser Stahl wird in der Industrie hauptsächlich für Kreissägeblätter und Bandsägen verwandt. Er ist sehr zäh und feinkörnig und lässt sich durch den relativ hohen Kohlenstoffanteil auch hoch härten. Und trotz des ausgeprägten Kohlenstoffanteils ist er wegen des Siliziums im Stahl auch Schockbelastungen gewachsen. Silizium macht den Stahl elastisch (wird hauptsächlich in Federstählen verwandt). Das ebenfalls vorhandene Vanadium hat sehr harte Karbide und verfeinert das Gefüge. Daher ist das Wildnismesser auch ohne Abstriche als Haumesser einsetzbar.

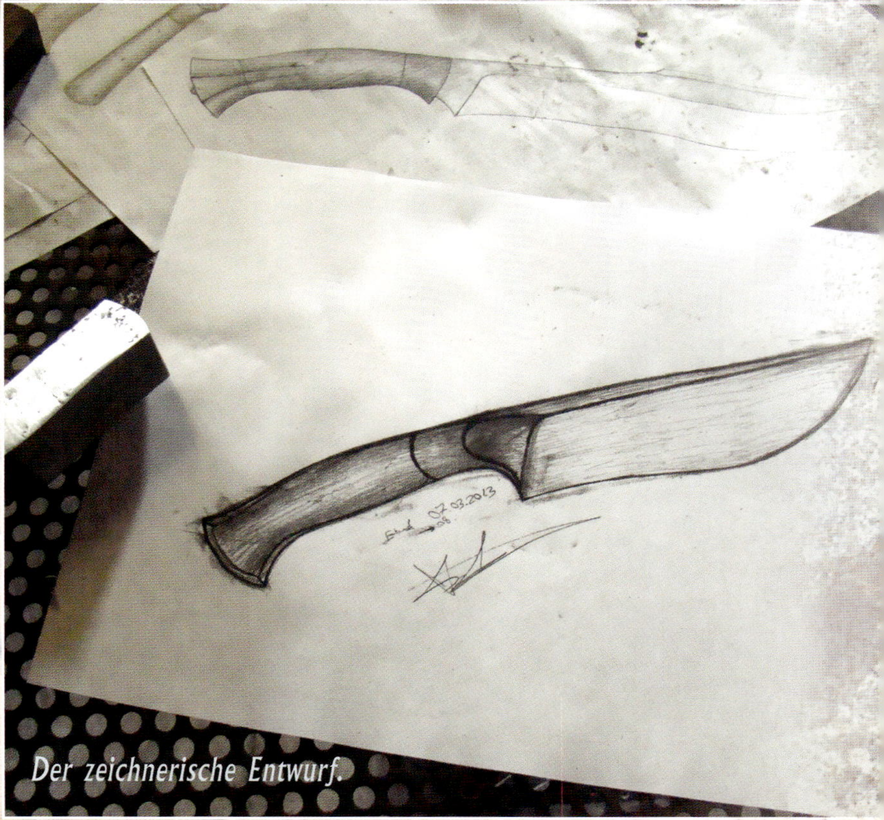
Der zeichnerische Entwurf.

Das fertige Damastpaket für dieses Messer

Das fertig geschmiedete und leicht angeschliffene Damastpaket für das komplette Wildnismesser. Keine Lage hat sich geöffnet. Sehr schön zu sehen – die einzelnen Stahlsorten. Mittig der Werkzeugstahl, dann links und rechts eine Lage V-Flakstahl (hellgrau) und außen der Torsionsdamast. Der Torsionsdamast hat etwa 200 Lagen. Ihn schmiedete Kilian aus den Werkstoffen C45, C75 (beide Carbon-, also reine Kohlenstoffstähle) und dem schwedischen Nickelstahl 75Ni8.

Links: Der Torsionsdamastblock, 200 Lagen aus den Werkstoffen C45, C75 und 75Ni8
Rechts: Hier mittig in zwei Teile gesägt – Torsionsdamastblock mit seiner einmaligen Zeichnung

Der Anfang des V–Flak–Wildnismessers. Der Damaststahlrohling wird freihand in Form geschmiedet.

Das Muster des Torsionsdamastes ist in der Zunderschicht schon erkennbar.

Mit Feingefühl und Augenmaß

Die gesamte Klinge ist in einer Decklagen- oder Armiertechnik – auf jeder Messerseite je zwei unterschiedliche Stahllagen – hergestellt.
Die erste Schicht links und rechts der Hauptklinge besteht aus Torsionsdamast mit etwa 200 Lagen. Ihn schmiedete Kilian aus den Werkstoffen C45, C75 und dem schwedischen Nickelstahl 75Ni8.
Als weiteres noch je eine Lage V-Flakstahl. Eine solcherart hergestellte Klinge weist neben der Elastizität eine überragend hohe Schärfe auf. Der Kohlenstoffstahl 1.2235 ist zwar durch die hohe Härtung spröde und auch bruchempfindlich geworden, doch dafür ist das Gefüge im Stahl superfein. Und genau deswegen lässt sich an der Schneide auch eine so aggressive Schärfe herstellen. Die Schnittleistung ist traumhaft.

Durch den aufgeschmiedeten Torsionsdamast und den elastischen V-Flakstahl wird die bruchempfindliche Schneidklinge so stabilisiert, dass deren Sprödigkeit aufgefangen wird. Sie ist beidseitig gestützt und kann nicht brechen. Der flexible Flakstahl konnte hier seine besten Eigenschaften einbringen.

Die Herstellung eines solchen Messers ist aufgrund der vielen Arbeitsgänge sehr aufwändig und zeitraubend. Allein schon das Schmieden des Torsionsdamastes ist schmiedetechnisch sehr anspruchsvoll.

Nach dem freihand Schmieden des Rohlings kommt nun die diffizilste Arbeit, das Formschleifen, anfangs am Bandschleifer, später auch von Hand. Hierbei spielt die Feile eine große Rolle.

Weit fortgeschritten, aber noch im Werden. Um das Muster des Damastes zu sehen, kurz angeätzt

Die fertigen Klingen im Härteofen. Hier wird der Grundstein für die künftige Belastbarkeit des Messers gelegt.

Doch auch das Anpassen des Griffholzes an das Messer ist wegen der unterschiedlichen Werkstoffe – Verbindung Stahl zum Holz – eine absolute Feinarbeit.

Fein polierte Klinge, vorbereitet zum Ätzen

Griff im Endstadium, nachdem die Nieten eingeschlagen sind, erfolgt der Feinschliff und das Ölen

Saubere Arbeit bis ins kleinste Detail ...

...und als Abstammungsnachweis der eingeschlagene Stempel mit dem V–Flak Schriftzug

Das fertige Messer – eine Augenweide! Sehr dominant der 200lagige Torsionsdamast, darunter die grau abgesetzte Lage V-Flakstahl und zum Schluss die Schneidleiste aus dem Sägeblattstahl. Die Gesamtlänge des Messers beträgt 329 mm, die Klingenlänge 201 mm, die Klingenstärke gemäß dem Einsatzzweck volle 6 mm, Grifflänge 128, Griffholz ist das harte und dichte afrikanische Padouk mit wunderschöner violett-korallenroter Farbe. Die von Kilian für das Messer handangefertigte Lederscheide umschließt das Messer so passgenau wie eine Hand.

Durch die vielseitigen Einsatzmöglichkeiten – Haumesser, Skinner, wie auch Abfang- und Aufbruchmesser für die großen Wildarten, um nur einige zu nennen, ist es schlichtweg das Allzweckmesser für Wildnisfahrten; ob Afrika, Skandinavien oder Alaska, es ist immer erste Wahl. Doch trotz der Schönheit des Messers legt Kilian Wert darauf, dass es auch im harten Jagdalltag voll eingesetzt wird.

V-FLAK

Das zweite von Kilian gefertigte Messer (links) ist ein typisches Jagdmesser. Allerdings hat Kilian, abweichend von der ansonsten üblichen Klingenbreite von ca. 2,5 bis 3 Zentimeter, hier eine Klinge von fast 4,5 Zentimeter Breite gewählt.

Ich fragte ihn, was ihn dazu bewogen habe. Er lächelte etwas und meinte dann: *„Du hast mir ja viel von der Jagd und dem jagdlichen Handwerk erzählt. Ich habe Dir als Nichtjäger genau zugehört. Und sehr anschaulich hast Du mir den Prozess des Aufbrechens* geschildert* (was ich in der Tat sozusagen am eigenen Leibe demonstriert hatte). *Dabei ist mir klar geworden, dass eine sehr breite Klinge den Schnittvorgang erleichtert und das – wie sagst Du dazu – das Einschärfen* – in den Pansen verhindert, einfach weil man die Klinge, bzw. das Messer mehr waagerecht halten kann.“*

Auch hier ging der eigentlichen Fertigung eine Anzahl von zeichnerischen Entwürfen voraus. Geworden ist es dann dieses Messer. Gedrungen und knuffig, mit einer ganz eigenen Linie und einem sehr ernsthaften Grundcharakter.
Ein Messer in Volldamast in Halbintegralbauweise, komplett geschmiedet.

** Ausweiden des Wildkörpers – in der Jägersprache Aufbrechen*
** Schärfen – in der Jägersprache das Schneiden*

Entwürfe für verschiedene Messer; unten links das Jagdmesser

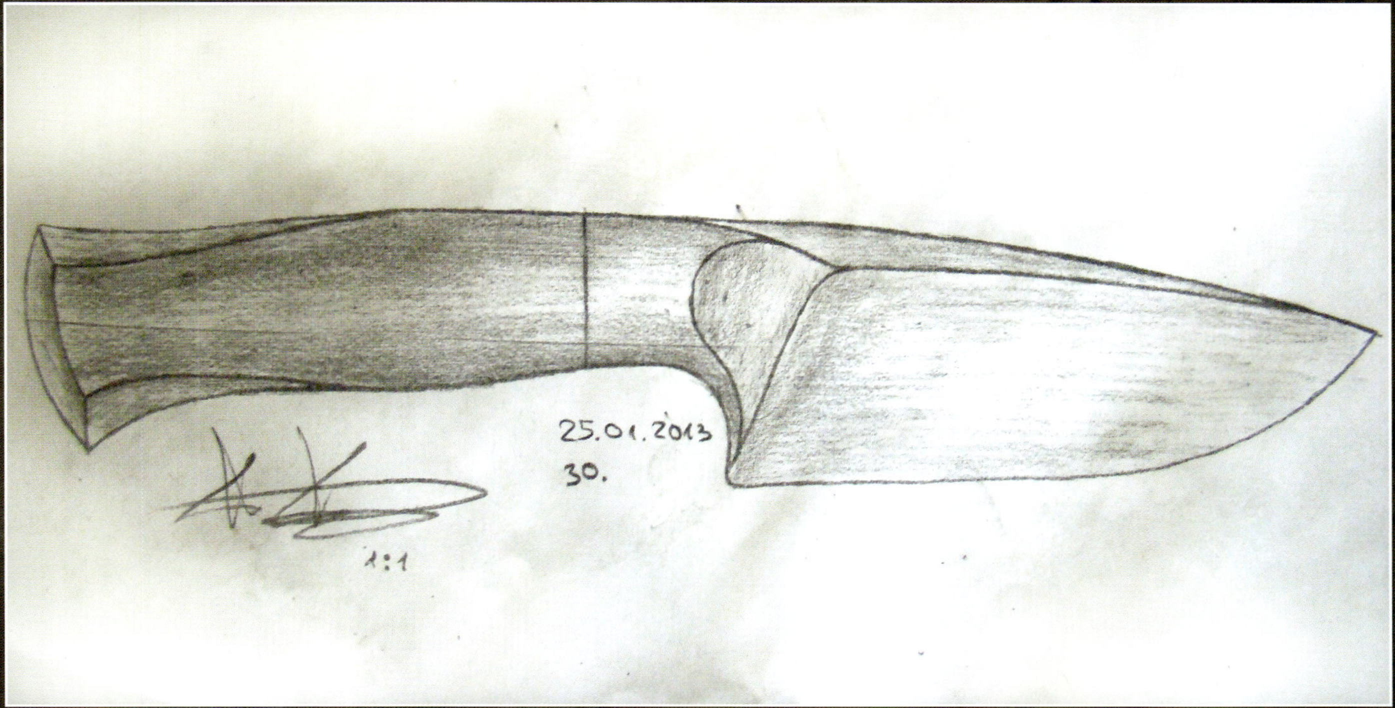

Allein schon die Zeichnung lässt die künstlerischen Qualitäten von Kilian erkennen

Der ausgeschmiedete Damastblock für das Volldamast–Jagdmesser, einseitig angeschliffen. Deutlich zu sehen die einzelnen Stahlschichten. Und der Anschliff zeigt, fehlerlos verschweißt

Der Anfang. Das Formschmieden unterm Lufthammer

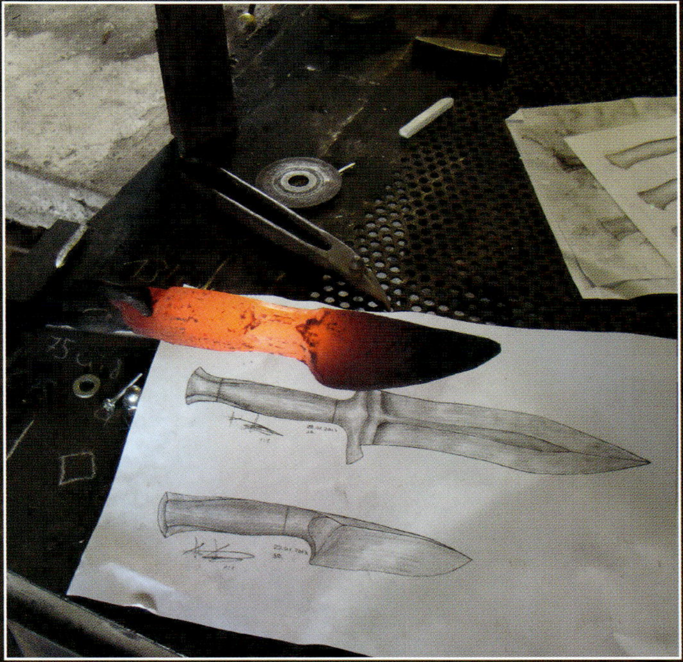

Hier der Jagdmesserrohling, freihand in Form geschmiedet, erste Überprüfung Skizze/Rohling

Fertig ausgeschmiedeter Rohling noch mit Zunderschicht ringsum

… und hier, immer noch Rohling, aber mit Probeanschliff und kurzem Ätzen in Säure, um die Zeichnung des wilden Damastes schon mal ansatzweise zu sehen.

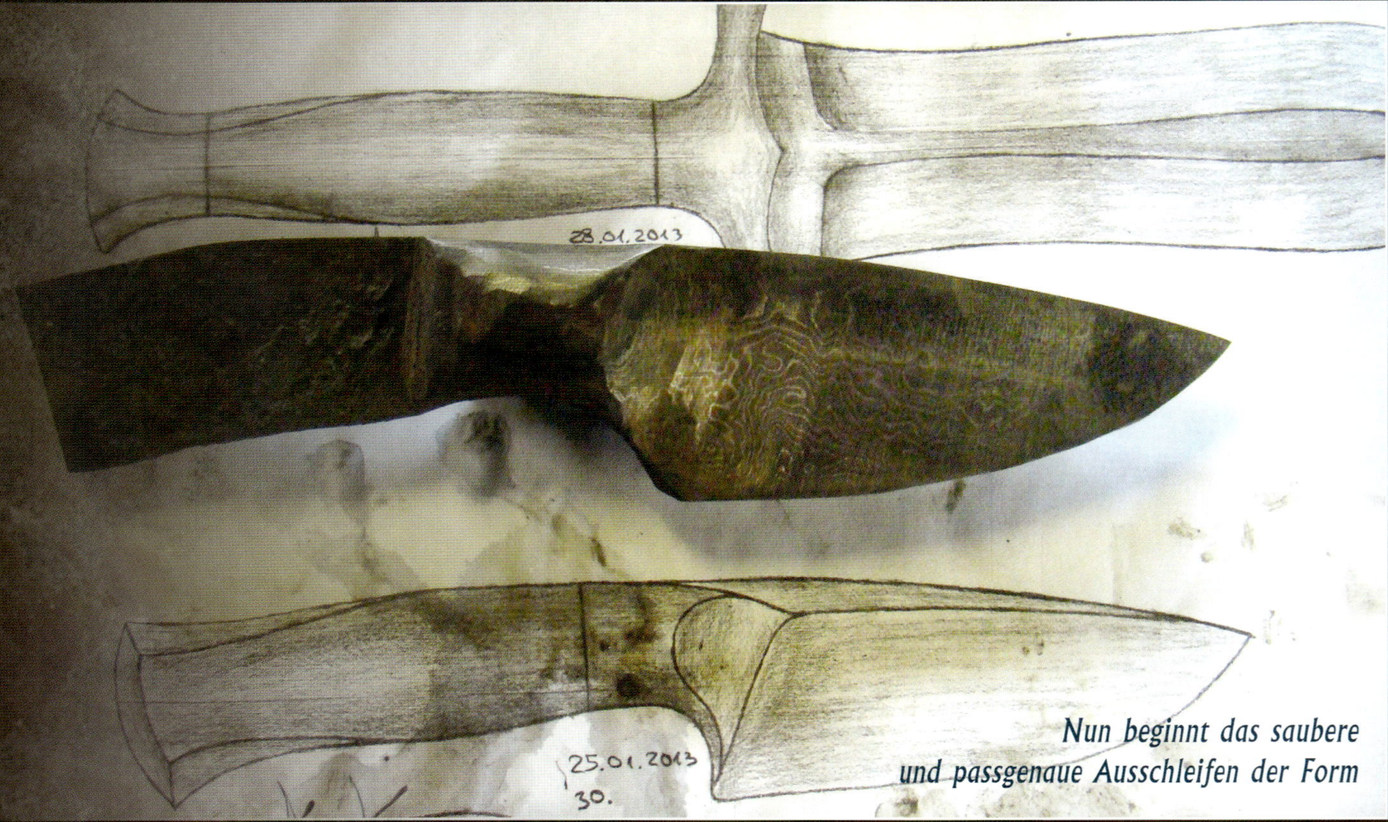

Nun beginnt das saubere
und passgenaue Ausschleifen der Form

Der Beginn des Formschleifens am Bandschleifer

Schon ziemlich genau!

Die Hauptarbeit ist getan.
Aus dem unscheinbaren „hässlichen“ Rohling mauserte sich ein Schwan.

Auch der Herkunftsnachweis ist schon eingeschlagen.

Und hier fast fertig. Das Griffholz ist sauber eingepasst, die Nieten kommen zum Schluss. Dann der Feinschliff und danach das Ölen – und fertig.

Das fertige Messer.
Einfach überwältigend schön!
Hier die rechte Seite, rechts die linke.
Und wie immer bei Damastklingen,
zwei „Gesichter".

*Das Griffholz Zirikote,
ein Baum aus dem mittel-
amerikanischen Raum
und der Karibik,
ist dicht und hart.
Es hat ein einzigartiges
Farb- und Maserbild.*

Sehr schön zu sehen – die Schichtlinien der einzelnen Stahlsorten

Doch auch die Lederscheide – reine Handarbeit von Kilian – ist ein Augenschmaus!

Der Bezug zur Jagd

Ein Kunde Kilians, der bei ihm zufällig
das Messer sah, war so hingerissen,
dass er es sofort nachbestellte.
Er wünschte sich aber das seltene
und außergewöhnliche Mammut Elfenbein als Griff.

Und so ist es dann geworden.

Das „gleiche“ V–Flak Jagdmesser
wie das erste, und doch ganz anders.
Damaszenerklingen sind nie gleich.
Es ist unmöglich, zwei identische Messer zu schmieden.

Natürlich erfährt jede Messerserie eine Weiterentwicklung. Und der handwerkliche Anspruch, den Kilian an sich selbst stellt, endet nie. So hat Kilian das V-Flak Messer in der Weise verändert, dass die Klingenlänge deutlich gewachsen ist. So wie im Bootsbau der Spruch „Länge läuft“ gilt, kann man das Gleiche von eine Messerklinge sagen, nämlich „Länge schneidet“.
Er hat zwei neue Messer geschaffen, die in der Form unverwechselbar sind, aber doch gravierende Unterschiede aufweisen.

Beide Messer sind in der höchsten Meisterklasse, nämlich Vollintegral, konzipiert. Hier wird das gesamte Messer von vorne bis hinten aus einem Stück hergestellt. Dabei spielt die Feile die erste Geige. Beide Messer in Volldamast, geschmiedet aus den Werkzeugstählen 1.3505 Wälzlagerstahl, 1.2510, ein Kaltarbeitsstahl mit hohen Kohlenstoff und Mangananteilen, sowie dem schwedische Nickelstahl 75Ni8. Und natürlich ist auch eine gehörige Prise V-Flakstahl im Damast.

Immer auf´s Neue faszinierend, die Schwünge der Backen, von dort der sanfte Übergang in die Klinge, und jetzt, bei den Vollintegralmessern, das perfekt geformte Knaufende des Griffs.

Auch die Griffmaterialien fallen aus dem Rahmen. Bei diesem Messer kam Wollnashornrippe (stabilisiert) zur Anwendung.

Das zweite Messer fällt in seinem Gesamteindruck deutlich aus dem Rahmen. Durch das Griffmaterial Gagat, ein durch Luftabschluss versteinertes Holz, welches zu den Kohlegesteinen zählt, wirkt das Messer trotz seiner Eleganz düster, ja fast bedrohlich.
Genau das ist aber das Faszinierende an diesem edlen Stück. Hier passt der silbrige Damaststahl in vollendeter Weise zu dem schwarz glänzenden Gagat.

1.2510 Kaltarbeitsstahl: C 0,95, Mn 1,10, Cr 0,60, W 0,60, V 0,10.
Stahl mit guter Aufhärtbarkeit, hohem Verschleißwiderstand, maßänderungsarm bei der Wärmebehandlung, für Schneid- und Stanzwerkzeuge, Gewindeschneidwerkzeuge

Da ja alle Messer aus sogenannten Waffenstählen entstanden sind, ließ er in gedanklicher Anlehnung an die Blankwaffen des Militärs (Bajonette) ein Kampfmesser entstehen.
Doch hier stehen nun eindeutig die Schönheit und Eleganz im Vordergrund, nicht der mögliche Einsatzzweck. Aber – das nur am Rande, mit jedem Messer kann man töten. Auch mit einem stinknormalen Küchenmesser. Und im Krieg gibt es nun mal den Kampf, auch Mann gegen Mann.

Das Messer besticht durch seine Eleganz und klare Linienführung; es war noch nicht ganz fertig, da hatte sich schon ein Käufer gefunden.

Hier die linke Seite, wobei wiederum die rechte Seite ein anderes Gesicht hat.

Und auch hier der V–Flak Schriftzug als Markenzeichen.

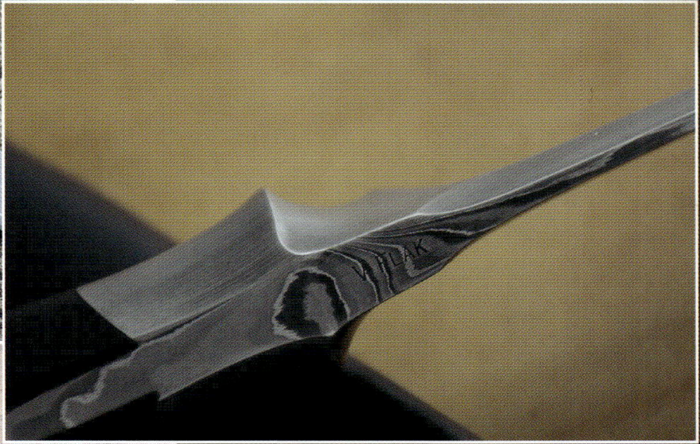

Im Detail mit Logo von Kilian; bestechend die sauberen Schleif- und Polierarbeiten von der Klinge zum angedeuteten Parierstück sowie die ansatzlosen Übergänge vom Stahl zum Holz.

Eine Kreation
für den
Herrenschreibtisch

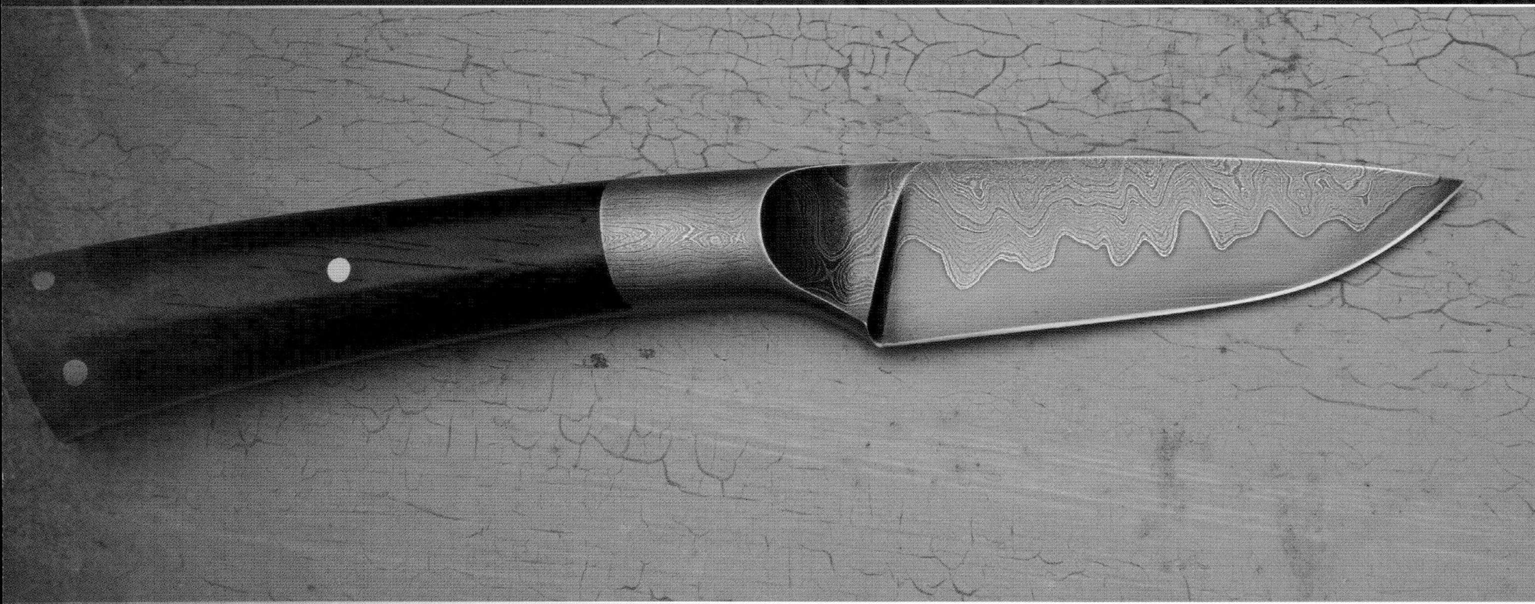

Und nun, als Ausdruck der Vielfältigkeit von Kilians Schaffen kein V–Flak Messer, sondern ein Allzweckmesser von Kilian in der nur ihm eigenen Handschrift angefertigt.
Griffholz ist das violette Padouk.
Kilian liebt dieses Holz, weil es zu der silbrig–grauen Klinge einen so wirkungsvollen Kontrast ergibt.

*Messer im Detail. Hervorstechend ist die sauberste und feinste Verarbeitung.
Sehr schön zu sehen die Schwalbenschwanzpassung Stahl zu Holz, eine sehr anspruchsvolle Handarbeit.*

Das Bisonmesser

Hier stimmt alles.
Die Proportionen, die Formen,
die Farbe, sowohl des Griffs als auch des Stahls,
und der außergewöhnliche Griff mit seinem Schlusspunkt, dem
Knauf mit den feinen Linien und Flächen.

Und nach diesem langen, schlanken Messer als Kontrapunkt ein hochelegantes, in seiner Form absolut ausgewogenes Messer (rechts). Geschaffen für harte Arbeiten im Jagdbereich, auch und gerade für schweres Wild. Kilian tituliert es als Bisonmesser.

Ein guter Bekannter Kilians hatte ihm eine ungefähre Handzeichnung überreicht, und.......

Doch lassen wir Kilian selbst zu Wort kommen:

„Hier nun ein von mir im Auftrag angefertigtes Geschenk. Die Basis bildete eine Handskizze, nach welcher ich zur Tat schritt und den Stahl durch Feuer – Amboss – Hammer in Form brachte. Ja, nun konnte kein optischer Zweifel mehr aufkommen; ein Messer soll es werden.
Aufheizen, abkühlen, aufheizen. Einige weitere Glühbehandlungen folgten, um auf das Gefüge des Stahles einzuwirken und dieses vorzubereiten – für den Einsatzzweck als Messer.
Weiter ging es zur spannenden Bearbeitung mit dem Bandschleifer, der Feile und Handschleifmitteln.
Das Griffmaterial einpassen, dem Härten und dem Anlassen, dem Feinschleifen mit Handschleifmitteln, der Montage der einzelnen Bauteile, dem Herstellen der endgültigen Oberfläche und dem Schärfen.

Und so ist es dann, Schritt für Schritt, geworden.

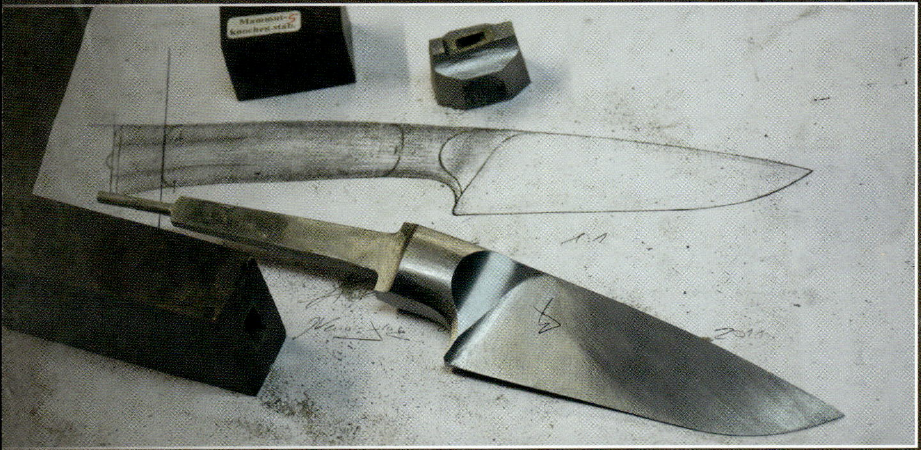

Steck–Erl Klinge mit aus dem Vollen angeformten Backen. Auch der Knauf schon in der Endform. Einzig das Griffmaterial – hier stabilisierter Mammutknochen – muss noch eingepasst werden.
Die Klinge, insgesamt geschmiedet aus C45 (die Armierschichten, bzw. Seitenlagen) und die Schneidlage aus Wälzlagerstahl 1.3505 in sogenannter Halbintegralbauweise. Der Knauf wurde aus dem Klingenmaterial angefertigt. Gesamtlänge des Messers: 242 mm, wovon auf die Klinge 116 mm entfallen

Um die genaue Form herzustellen, ist die Feile immer noch erste Wahl.

Auf die Frage, ob es ihm nicht leid tue, wenn seine so elegant schönen Messer im rauen Jagdalltag doch mal die eine oder andere Macke hinnehmen müssten, antwortete Kilian in fast gekränktem Ton:
„Meine Messer sind in erster Linie Werkzeuge. Sie müssen ihre Arbeit tun, ohne Wenn und Aber. Aber pflegen sollte man sie schon“.

Wie bei allen Kilian–Messern, sauberste Verarbeitung. Interessant die wie marmoriert wirkende Zeichnung des Mammutknochens.

Nun wird sich mancher Leser fragen, was solch edlen Stücke denn für einen Preis haben. Das habe ich Kilian auch gefragt. Erst hat er sich ein wenig geziert, doch dann, nicht ohne den Hinweis auf die immens vielen Arbeitsstunden, kam die Antwort: *„Je nach Messerart, ob Halbintergral oder Vollintegral, liegen die Preise bei ca. 1800 bis 2400 Euro inklusive Mehrwertsteuer und handgefertigter Messerscheide“.* Sicherlich hohe Preise, aber in Anbetracht der reinen Handarbeit und der exzellenten Verarbeitung auch wieder angemessen.

In der Werkstatt.
An der Wand
„die Schmiedelocken“,
ausgediente Bandschleifbänder.
Nur noch für Grobschleif–
arbeiten verwahrt. Darunter eine
alte Drehbank, die aber immer
noch ihren Dienst tut.

II. Die Schmiedewerkstatt

Wenn man in Kilians Landschmiede steht, die weißgekalkten Wände wie angekokelt, das kalte Licht der Neonröhren, im Winter trotz Esse kalt, im Sommer mit der Hitzeglut der Esse brutal heiß, dazu Staub, Ruß und der immer vorhandene Geruch nach Eisen, Öl, Zunder und heißen Kohlen, dann erhalten die Messerschönheiten, die aus dieser staubigen Behausung hervorgehen, einen ganz besonderen Wert und Nimbus. Jedenfalls geht es mir so.

Manchmal kann ich es gar nicht glauben, dass der Herr über dieses, irgendwie immer chaotische Durcheinander von Eisenstangen- und platten, Werkzeugen, Amboss, Hämmern, Schweißgeräten und Schraubstöcken es schafft, aus dieser „Höhle" heraus solch edle Kunstwerke aus Stahl und feinen Hölzern zu schaffen.

Aber für Kilian ist die Schmiede Ruhepunkt. Nur hier ist er kreativ und nur hier bekommt er die besten Ideen. Und das – für ihn durchaus planvolle Durcheinander – gehört irgendwie dazu. Er findet, was er braucht, ist entspannt und kann so arbeiten, wie er will.

Für Kilian war dieses „so arbeiten können, wie ich will" die Hauptantriebsfeder, seinen Meister für die Selbständigkeit zu machen. Kilian: ***„Das habe ich noch keinen Tag bereut!"***

Das Gebäude selbst existiert seit etwa 1830. Es wurde als Bauernhaus gebaut und ist als solches auch bis in die 60iger Jahre des vergangenen Jahrhunderts als landwirtschaftliches Anwesen genutzt worden.
Sowohl Kilians Urgroßvater Josef Ermes als auch sein Großvater Hubert Ermes waren Landwirte. Doch seinem Großvater Hubert hatte die Rönkhauser Bevölkerung den Beinamen „Schmittemann" gegeben, was übersetzt so viel wie Schmiedemann heißt. Er hatte sich im Stall eine Ecke mit Feldesse, Amboss und Schmiedehammer eingerichtet, um die Hufeisen für die Pferde selbst zu schmieden oder auch die Schare für den Pflug zu richten. Und da in der Landwirtschaft irgendwo ständig etwas repariert werden musste, lag es auf der Hand, dass der Großvater sein Schmiedetalent für sich einsetzte. Aber auch die Dorfbewohner wussten diese Fähigkeiten sehr wohl zu schätzen und auch zu nutzen. Von diesem Großvater dürfte Kilian einen guten Teil seines Schmiedetalents ererbt haben.

Doch auch Kilians Eltern verfügen über eine künstlerische Ader.
Sein Vater Heiner Kreutz – leider früh verstorben – war Industriefotograf. Und seine Mutter Annette ist kreative und gefragte Floristin.

Aus dem früheren Kuhstall ist die heutige Landschmiede von Kilian hervorgegangen.

Doch eine außergewöhnliche Chronik hat dieses Haus neben allen anderen Dingen aufzuweisen. Es ist das Geburtshaus des zu Lebzeiten hoch angesehenen und später von den Nationalsozialisten durch

Enthauptung hingerichteten Franziskanerpaters Kilian Kirchhoff. Dieser wurde dort im Jahre 1892 am 18. Dezember geboren. Der Taufname war Josef Kirchhoff. Erst mit Eintritt in das Franziskanerkloster Werl wurde er zum Pater Kilian. Sein Todestag am 24. April 1944 ist zurückzuführen auf Denunziation einer nahen Bekannten. Es folgte eines der vielen menschenverachtenden Urteile des Volksgerichtshofes unter Vorsitz des berüchtigten Roland Freisler.

Als Verbeugung und Erinnerung an diesen aufrechten und mutigen Katholiken hat die Gemeinde Rönkhausen die Straße, an der das Geburtshaus steht, Kilianstraße benannt. Aber auch im umliegenden Sauerland gibt es viele Straßen und Gebäude, die zu Ehren des Pater Kilians nach ihm benannt sind (im direkt benachbarten Plettenberg den Kilian-Kirchhoff-Damm).

Auch der Name unseres jungen Schmiedes dürfte von den Eltern in Respekt und Erinnerung an den Pater Kilian erwählt worden sein.

Im Anhang dieses Buches findet sich ein bewegender Artikel aus der Kirchenzeitschrift „Die Glocke“ vom 24.4.2004, der die Umstände des Todes von Pater Kilian näher erläutert.

Flachschienen für das Damastpaket

III. Eisen und Stahl und seine verschiedenen Elemente

Was für viele, die sich bisher nicht so große Gedanken zu Eisen und Stahl gemacht haben, wichtig und lesenswert ist, sind die Reaktionen, denen Stahl bei den verschiedenen Bearbeitungsgängen aufgrund seiner unterschiedlichen Inhaltsstoffe unterworfen ist. Daher sei an den Anfang dieses Kapitels eine kleine Legierungskunde vorangestellt. Diese soll nicht in tief schürfende Metallurgie eintauchen, sondern in einfacher und verständlicher Form darstellen, was im Stahl ist, wie er reagiert, und was daraus werden kann.

Kleine Legierungskunde

Vorausgeschickt sei zunächst, dass Eisenerz, so wie es aus der Natur gewonnen wird, erst durch die Verhüttung (Schmelze) zu den verschiedenartigen Eisenprodukten wird. Roheisen und insbesondere Gusseisen lässt sich aufgrund des hohen Kohlenstoffgehalts – teilweise bis 6 % – nicht plastisch verformen (schmieden). Erst die so genannten unlegierten Stähle, das sind Stähle unter 0,5 % Kohlenstoff und die legierten Stähle ab 0,5 % Kohlenstoff können schmiedetechnisch verformt werden. Bei Stählen unter 0,2 % Kohlenstoff spricht man von Baustahl. Er ist aufgrund des geringen Kohlenstoffanteils nicht härtbar und für Werkzeuge ungeeignet. Erst durch die weitere, kontrollierte Zuführung von Kohlenstoff entsteht Vergütungs- oder Werkzeugstahl (niedrig oder hoch legiert), der nun auch härtbar ist. Es sind dies alles Stähle, die nicht rostfrei sind.

Hier nun die wichtigsten Elemente, die im Stahl zu finden sind und die für das Damastschmieden eine besondere Bedeutung haben:

Kohlenstoff (C): Er ist beim Damastschmieden das wichtigste Legierungselement überhaupt. Vereinfacht gesagt: Je höher der Kohlenstoffanteil desto höher die erreichbare Härte und Verschleißfestigkeit, wobei die Grenze bei etwa 1,8 % bis 2,0 % Kohlenstoff liegt. Darüber sind wir schon wieder beim Gusseisen, welches schmiedetechnisch nicht verformbar ist.
Angestrebt wird beim Damastschmieden ein Kohlenstoffanteil zwischen 0,8 und 1,4 %, je nach Legierungsanteilen der zugefügten Stahlsorte und Verwendungszweck des fertigen Werkzeugs (Messer oder Beil).

Mangan (Mn) ist wichtig für die Durchhärtbarkeit und Zähigkeit des Stahls. Auch verbessert er die Schweißbarkeit. Er zeichnet im Damast fast schwarz.

Nickel (Ni) verbessert die Säurebeständigkeit und Rostträgheit des Stahls, ist aber kein Karbidbildner. Er zeichnet, je nach Anteilen, silbrig bis hell Silber. Nickel ist unerlässlich beim Damast, um die Damastzeichnung hervorzuheben.

Chrom (Cr) wiederum hat zwei wichtige Eigenschaften. Zum einen lässt Chrom den Stahl rostträger werden. Zum anderen aber ist er ein Karbidbildner, der das Stahlgefüge verfeinert und die Verschleißfestigkeit erhöht. Auch wird durch Chromzusatz die Härtbarkeit erhöht. Ab etwa 12 % Chrom spricht man von rostfreien Stählen. Chromstähle eignen sich nur bedingt zum Damastschmieden und sind bei der Feuerverschweißung problematisch.

Vanadium (V) ist auch in kleinen Mengen ein wichtiges Legierungselement. Vanadium ist ein starker Karbidbildner und weist sehr harte Karbide auf. Für die Schnitthaltigkeit des Damaststahls von großer Bedeutung.

Silizium (Si) erhöht die Festigkeit und Verschleißfestigkeit. Erhöht stark die Elastizitätsgrenze, wird daher bei Federstählen hinzulegiert. Ist jedoch bei Damaststählen nicht unbedingt erforderlich.

Molybdän (Mo) fördert die Feinkornbildung und wirkt sich günstig auf die Schweißbarkeit aus. Ist ein starker Karbidbildner und verbessert die Schneideigenschaften. Die Festigkeit des Stahls wird verbessert.

Wolfram (W) Wolframstahl ist aufgrund der Härte der Karbide einer der Grundstoffe für hochbelastete Werkzeugstähle. Durch den hohen Schmelzpunkt des Wolfram sind Werkzeuge, die besonderen Hitzebelastungen ausgesetzt sind (Metallsägen) äußerst verschleißfest. Die Glühfäden in jeder Glühbirne bestehen z.B. aus reinem Wolfram.

Metallkarbide – das sind die Verbindungen der Metalle (Eisenatome) mit Kohlenstoffatomen (kristalline Ausformung). Sie bilden im Stahl das Gefüge. Grobkörniges Gefüge ist für Damastmesser unbrauchbar. Je feiner das Gefüge, umso schärfer wird die Klinge.

Und zum Schluss dieser kleinen, ganz sicher nicht vollständigen Legierungskunde ein schöner und zutreffender Spruch, den hat mal ein renommierter Messerschmied losgelassen:

„Carbonklingen (Carbon = Kohlenstoff) sind die Ferraris, rostfreie Klingen hingegen die Mittelklasse.“ Er hat´s damit auf den Punkt gebracht.

IV. Die aufgeführten Stahlsorten und ihre Zusammensetzung

Legende der Abkürzungen:
C – steht für Kohlenstoff
Mn – für Mangan
Cr – für Chrom
V – für Vanadium
Si – für Silizium
Ni – für Nickel
Mo – für Molybdän
W – für Wolfram

1.2003 Kaltarbeitsstahl für Kreis- und Bandsägen
C 0,75 – Si 0,35 – Mn 0,70 – Cr 0,35

1.2210 Silberstahl, Werkzeugstahl für Gewindebohrer, Achsen, Wellen und Schlagzähne für die Holzbearbeitung
C 1,15 – Si 0,25 – Mn 0,3 – Cr 0,65 – V 0,09

1.2235 Kaltarbeitsstahl für Kreissägen, Papiermesser u.a.
C 0,80 – Si 0,30 – Mn0,40 – Cr 0,55 – V 0,20

1.2442 Kaltarbeitsstahl, hauptsächlicher Einsatzzweck: Metallsägen; hohe Härte und zugleich stabile Warmfestigkeit durch hohen Wolframanteil
C 1,15 – Si 0,25 – Mn 0,35 – Cr 0,20 – W 1,90

1.2519 Kaltarbeitsstahl;
C 1,1 – Ma 0,4 – W 1,4 – Cr 1,3 – V 0,25 ; lässt sich hoch härten, sehr schnitthaltig

1.2767	Kaltarbeitsstahl z.B. Knüppelscherenmesser, Schneidwerkzeuge (sehr zäh durch den hohen Nickelgehalt), weist ein extra reines und gleichmäßiges Korngefüge auf C 0,45 – Si 0,25 – Mn 0,40 – Cr 1,40 – Ni 4,00 – Mo 0,30
1.2842	Werkzeugstahl z.B. für Schnitt- und Stanzwerkzeuge C 0,90 – Mn 2,00 – Cr 0,40 – V 0,10
1.3505	Wälzlagerstahl (Kugeln und Rollen) C 0,93 – 1,05 – Si 0,15 – 0,35 – Mn 0,25 – 0,45 – Cr 1,35 – 1,60
75Ni8	(schwedischer Nickelstahl) entspricht der Werkstoffnummer 1.5634 C0,75 – Si 0,30 – Mn 0,40 – Cr. 0,15 – Ni 2,00
C45	gleich Werkstoffnummer 1.0503, relativ weicher, unlegierter Stahl für Teile im Maschinenbau C 0,45 – Si 0,40 – Mn 0,65 – Cr 0,40 – Mo 0,10 – Ni 0,40
C75	gleich Werkstoffnummer 1.0605, Vergütungs- bzw. Federstahl, unlegiert C 0,7 bis 0,8 - Si 0,25 - Mn 0,60 bis 0,80

CK60	gleich Werkstoffnummer 1.1221, Vergütungs- bzw. Federstahl, unlegierter Kohlenstoffstahl für allgemeine Maschinenbauteile C 0,57 bis 0,65 – Ni 0,4 – Cr. 0,4 – Mn 0,6 bis 0,9 – Si 0,4 – Mo 0,1
C145SC	ist ein sehr sauberer, sehr hoch legierter, reiner Kohlenstoffstahl und als Monostahl 1. Wahl für extrem feine, sehr harte und dennoch zähe Schneiden.C 1.45

Die so genannten C-Stähle (Carbon = Kohlenstoff)

werden beim Damastschmieden hauptsächlich zum Erhöhen des Kohlenstoffanteils verwandt. Es lassen sich damit zwar auch Messerklingen schmieden, jedoch werden die Klingen wegen des teilweise geringen Kohlenstoffanteils (z. B. C45) und des Fehlens von Legierungselemente, die zur Karbidbildung beitragen, nicht so verschleißfest wie höher legierte Messerstähle. Das Nachschärfen geht dafür leichter vonstatten und die erzielbare Schärfe ist durchaus beachtlich.

ST35	reiner Baustahl, nicht härtbar, liegt unter 0,2 % Kohlenstoff, Hauptaugenmerk liegt bei diesem Stahl auf Zugfestigkeit (Betonarmierungen)

Puddeleisen (auch Schweißeisen)

Eine besondere Stahlgewinnung, die in England erfunden wurde. Das Eisen wurde in einem speziellen Ofen, dem Puddelofen und einer dort eingefügten flachen Mulde (puddle, engl. für Pfütze) teigig erhitzt und von dem Rührer (engl. Puddler) gerührt, um auf diese Weise die Verunreinigungen im Eisen, aber auch den hohen Kohlenstoffanteil zu vermindern. Nachdem ein bestimmter Zustand des Eisens durch das Rühren erreicht war, lies man es erkalten, entnahm die Luppe und schmiedete sie unterm Hammer zu Barren oder ähnlichem. Eigenheit des Puddeleisens ist, dass ein Anteil an feinen Schlackenresten im Stahl verbleibt. Viele Messermacher nehmen Puddeleisen als Stilelement, auch und gerade wegen der durch die Schlackeeinschlüsse feinen und einzigartigen Zeichnung im Stahl. Da Schweißeisen relativ korrisionsbeständig ist, wurden früher auch Brücken, Geländer usw. daraus hergestellt. Der Eiffelturm in Paris ist gänzlich aus Schweiß(Puddel)eisen hergestellt.

V. Härten, Anlassen und Ätzen

Rostfreie Stähle & nicht rostfreie Stähle

Härten

Die gesamte Wärmebehandlung wie Normalisieren, Einformen, Weichglühen und Härten ist eine Wissenschaft für sich. Das Härten als wichtigster Schritt und das nachfolgende Anlassen soll daher hier hervorgehoben dargestellt werden. Diese Stahlbehandlung ist die Vergütung des Stahls, abgestimmt auf den jeweiligen Einsatzzweck.

Der Stahl erfährt durch das Härten eine deutliche Erhöhung seiner mechanischen Widerstandsfähigkeit. Dies geschieht durch eine gesteuerte Umwandlung seines Gefüges.

Doch zuvor einige Worte zu den Begrifflichkeiten. Die chem. technische Bezeichnung von reinem Eisen ist Ferrit (a-Eisen). Durch Kohlenstoffanreicherung entsteht Ferrit / Perlit (immer noch a-Eisen). Durch Erwärmung auf eine bestimmte Temperatur, je nach Stahlsorte verschieden, wandelt sich dieses a-Eisen in sogenanntes y-Eisen um. Man bezeichnet das dann als Austenit. In diesem austenitischen Gefüge kann sich wesentlich mehr Kohlenstoff anreichern als im Ferrit.

Dies geschieht in der Weise, dass sich durch die Erwärmung das sogenannte Zementit (gleich Teilmoleküle des Ferrits) auflöst und seinen Kohlenstoffanteil an das austenitische Gefüge abgibt.

Nun, wie sieht ein Gefüge aus. Im Ferritgefüge besteht bei Raumtemperatur eine Eisengitterstruktur in Würfelform (kubisch – raumzentriert). In diesen kubischen Würfeln sind die Kohlenstoffatome in einer fest vorgegeben Form, eben raumzentriert, angelegt.

Was geschieht nun beim Härten?

Erhitzt man den Stahl auf Härtetemperatur (je nach Stahl von 780 Grad bis ca. 840 Grad) passiert folgendes: Die Gitterstruktur bleibt zwar kubisch, jedoch tauschen sich die Atome bis zu einem gewissen Grade aus. So wandert das Kohlenstoffatom aus der Raummitte heraus in die Fläche des Würfels und ein Eisenatom nimmt den Platz des Kohlenstoffatoms ein.

Nun wird das Stahlstück durch Abschrecken, z. B. in Öl in sehr kurzer Zeit wieder auf normale Raumtemperatur gebracht. Diese rasche Abkühlgeschwindigkeit bewirkt, dass die Kohlenstoffatome nicht so schnell in ihre alte Raumordnung zurückgehen können, sie sind quasi wie festgefroren. Auch das kubisch angelegte Eisengitter kann nicht mehr in seine alte Form zurück. Es entsteht ein tetragonal verzerrtes kubisch-raumzentriertes Gitter mit sehr hartem Gefüge, der sogenannte Martensit. Dieser Martensit ist das Härtegefüge des Stahls.

Das Härten von Stahl ist erst ab einem Kohlenstoffanteil von etwa 0,2 % möglich. Je höher der Kohlenstoffanteil im Stahl, umso höher ist die erzielbare Härte. Je nach Querschnitt des Werkstücks erfolgt entweder eine Teilhärtung oder auch Durchhärtung. Bei Messerklingen in aller Regel eine Durchhärtung.

Anlassen

Direkt nach dem Härten hat das Stahlstück eine so hohe Härte (Glashärte), dass es bruchempfindlich ist. Um diese Ansprungshärte auf eine belastbare Gebrauchshärte zu bringen, muss das Werkstück nochmals erwärmt werden (je nach Stahlsorte so um die 160 bis 220 Grad, das sogenannte Anlassen. Hierbei entspannt sich der Stahl auf die gewünschte Härte und gewinnt zugleich an Elastizität und Zähigkeit. Höhere Anlasstemperaturen gibt es für besondere Stähle, aber für die gängigen Werkzeugstähle sind sie nicht die richtige Wahl.

Die vielfältigen Möglichkeiten des Härtens sollen hier nicht erschöpfend aufgeführt werden. Es würde sonst ein eigenes Buch. Nur noch so viel: Der Härteprozess muss dem Stahl, bzw. der oder den Stahlsorten angepasst sein. Wobei rostfreie Stähle ein gänzlich anderes Härteverfahren verlangen als nicht rostfreie Stähle.

Dies soll zum Schluss dieses Kapitels dargelegt werden an zwei Härteempfehlungen, die die Schmiedewerkstätte Markus Balbach, Laubuseschbach/Ts. für zwei ihrer Stähle herausgegeben hat.

Für den nicht rostfreien Stahl

Damaststahlplatte wilder Damast, nicht rostfrei, Stahlsorten 1.2842 und 1.2767

Die Wärmebehandlung muss wie folgt ausgeführt werden:

Härten bei 840 Grad in Öl, Haltezeit auf diese Temperatur bis 4 Minuten, Abschrecken in Öl (vorher jedoch Öl auf etwa 60 Grad erwärmen, um eine isolierende Wasserdampfschicht zwischen Werkstück und Öl zu vermeiden).

Die Ansprungshärte kann 65/66 Rockwell betragen. Dann Anlassen 2 mal eine Stunde mit Zwischenabschreckung auf Zimmertemperatur bei 180 Grad (ergibt eine Rockwellhärte von 60 bis 61 hrc) oder bis 200 Grad (ergibt dann eine – manchmal gewünschte – geringere Härte von 58/59 Rockwell). Durch anderes Anlassen sind auch höhere oder niedrigere Härten erzielbar.

Für den rostfreien Stahl

Damaststahlplatte wilder Damast, rostfrei, bestehend aus den Werkstoffen Böhler N690 und Buderus Nitro – B, stickstofflegiert (laut Balbach seine beste Werkstoffkombination in rostfrei) .

Wärmebehandlung:

Härten in Schutzgas, Vakuum oder Folie (das heißt bei absolutem Sauerstoffabschluss) bei 1050 Grad, Haltezeit auf diese Temperatur 15 Minuten, Abschrecken an Luft!
Anlassen 2 Stunden bei 190 bis 200 Grad, Rockwellhärte um die 60 hrc.
Eine Besonderheit gibt es noch bei den rostfreien Stählen. Durch Tiefkühlen bis minus 70 oder sogar minus 90 Grad in flüssigem Stickstoff direkt nach dem Anlassen, kann man das Martensitgefüge ausbauen und optimieren.

Ätzen

Um bei Damaststählen mit seinen hohen Lagenzahlen – manchmal 300 oder 400 Lagen –, aber auch bei Klingen mit zwei oder drei Schichten unterschiedlicher Stahlsorten (sogenannte Armier- oder Deckschichtentechnik) die verschiedenen Stahlsorten optisch hervorzuheben, wird der Stahl mit Säure behandelt. Die Inhaltsstoffe des Stahls, wie zum Beispiel Mangan oder Nickel, reagieren mit den ihnen eigenen Farben. So zeichnet Mangan fast schwarz, Nickel dagegen in einem hellen Silberton.

Zum Ätzen können alle säurehaltigen Flüssigkeiten verwandt werden, vorrangig jedoch Schwefelsäure, chemisch rein und eingestellt auf 30 %*, wobei die Säure auf etwa 40 Grad angewärmt sein muss. Dann wird auch gerne das relativ geruchsneutrale und nicht ganz so aggressive Eisen III Chlorid verwandt. Aber auch Kaffee oder Essig werden eingesetzt, häufig um eine andere Farbgebung zu erzielen. Salzsäure geht auch, ist aber, was die Löcher im Schuh angeht, nicht jedermanns Sache. Das schärfste Mittel ist Königswasser, mit dem man sogar Gold auflösen kann.

* Es gilt übrigens das alte Sprichwort aus dem Chemieunterricht, das da lautet: ***Gießt Du Wasser in die Säure, dann passiert das Ungeheure!*** Mit anderen Worten: immer zuerst die Säure ins Wasser, nie umgekehrt.

VI. Messergriffhölzer; die Bäume und das Holz; Horn, Knochen und Elfenbein

Nicht alle Bäume haben ein Holz, welches für Messergriffe geeignet ist. Zu der im Vordergrund stehenden Schönheit und Ausdruckskraft muss auch noch die Verschleißfestigkeit kommen.

Doch mittlerweile ist durch die neue Technik des Stabilisierens = Durchdringen des Holzes mit hochviskosem Plexiglas mittels Vakuum, ein Holzspektrum entstanden, welches alle Wünsche an Aussehen, Beständigkeit und Verschleißfestigkeit erfüllen kann.

Nun zu den Hölzern, die in diesem Buch, bzw. an den Messern dieses Buches vorkommen.

Amboina

Laubholzgewächs. Ist mehr Strauch als Baum. Wächst in Südostasien mit dem Hauptverbreitungsgebiet auf der Insel Ambon. Aber auch in Kamerun und Nigeria kommt es vor. Es gehört zu der großen Familie der Padoukhölzer. An Schönheit und Ausdruckskraft ist es jedoch einzig unter diesen Hölzern. Das Holz ist feinfaserig, dicht und fest. Es lässt sich sehr gut bearbeiten. Die typisch rote Farbe variiert von orange bis rot. Die aus dem Wurzelbereich stammenden Maserknollen erzielen auf dem Markt Höchstpreise.

Links Perückenstrauch Maser,
mittig Thuja Maser,
rechts Amazonas Maser Palisander;
darunter eine Platte
Balbach Torsionsdamast

Wüsteneisenholz (Ironwood)

Kommt in Arizona und Mexiko (Sonora) vor. Kann den Temperaturen und Bedingungen des Wüstenklimas standhalten. Der Baum wird etwa 10 Meter hoch mit einem Stammdurchmesser von etwa 60 Zentimetern. Das Holz hat, wie der Name schon sagt, fast die Eigenschaften von Eisen, dass heißt, es ist sehr hart und zugleich auch schwer. Im Wasser geht es sofort unter. Die Dichte des Holzes, dann die bei den Wurzelqualitäten anzutreffenden wunderschönen Zeichnungen und Maserungen sind auf der Welt einmalig. Ein sehr begehrtes Holz für Messermacher, aber auch sehr teuer. Die Mengen werden jedes Jahr weniger. Um so höher daher der Preis.

Honduras Palisander

Der Baum wächst in Mittelamerika, hauptsächlich in Honduras. Er wird, je nach Alter, zwischen 15 bis 30 Meter hoch bei einem Stammdurchmesser von ca. einem Meter. Sein Holz ist rötlich, sehr hart und dicht und die Maserqualitäten weisen wunderschöne Augen und Knollenpunkte auf. Neben Messergriffen wird es auch für Musikinstrumente eingesetzt, weil es einen sehr klaren, kräftigen Klang erzeugt.

Nussbaum

Hier ist nicht unser heimischer Haselnussstrauch gemeint, sondern die Walnussbäume. Er zählt zu den Laubbäumen. Diese sind auf der ganzen Welt verbreitet, zum einen wegen der Früchte, zum anderen aber auch wegen der schönen Holzzeichnungen, vor allem im Wurzelstammbereich. Sein natürliches Vorkommen erstreckt sich über ganz Mittel- und Südeuropa. Alte Walnussbäume, z. B. in den Höhenlagen von Anatolien, auf Fels gewachsen und oftmals weit über einhundert Jahre alt, haben wegen ihrer wunderschönen Farbe und Zeichnung einen immens hohen Wert. Die Schäfte von edlen Gewehren werden daraus gefertigt und natürlich auch die Griffe für Damaszenermesser. Seine Wuchshöhe variiert zwischen 15 und 20 Metern, im Stammdurchmesser werden, je nach Alter, 1 bis max. 1,60 Meter erreicht. Das Holz aus dem Wurzelbereich ist hart und schwer. Die Maserung und die Färbung dieser Holzabschnitte sind mit keinen anderen Hölzern zu vergleichen.

Wenge

Laubholz aus Afrika (Zaire, Kamerun, Gabun). Baumhöhe ca. 20 Meter, Stammdurchmesser bis 0,9 Meter. Ein hartes Holz mit attraktiven dunkelbraunen und hellbraunen Streifen.

Birke

Laubbaum mit vielen Unterarten. Kommt quasi überall vor. Die Wuchshöhe beträgt bis 30 Meter, wobei der Stammdurchmesser um die 80 Zentimeter liegt. Für Messerhölzer wird sehr gern die Karelische Birke genommen, deren Maserholz eine schöne Zeichnung hat. Durch das relativ weiche Holz der Birke haben Fäulnispilze leichtes Spiel. Das Holz verstockt sehr leicht, was aber bei der heutigen Stabilisierungstechnik wunderschöne Zeichnungen hervorbringt. Stabilisiertes Holz ist wie Hartholz und daher uneingeschränkt zu empfehlen.

Schlangenholz

Der Baum zählt zu den Laubbäumen. Sein Vorkommen ist auf die tropische Region Südamerikas beschränkt (Amazonasregion Brasiliens, Guyana, Venezuela, Kolumbien). Das Holz ist eines der teuersten der Welt. Der Name ist absolut treffend, erinnert die Zeichnung doch tatsächlich an eine Schlangenhaut. Es ist ein sehr dichtes, gradliniges Holz, was aber leider die Eigenschaft hat, rissanfällig zu sein, auch bei vollständig durchgetrocknetem Holz. Die Höhe des Baumes liegt bei etwa 25 Meter, Stammdurchmesser bis 1 Meter. An einer Damaszenerklinge mit passendem Muster hat es eine einzigartige Wirkung.

Eibe

Ein immergrüner Nadelbaum, der als Besonderheit weder im Holz noch in der Rinde Harz aufweist. Kommt überall in der gemäßigten Klimazone der Nordhalbkugel vor. Eiben bilden keine Zapfen aus. Der Baum wird bis 20 Meter hoch mit einem Stammdurchmesser von etwa einem Meter. Die Eibe ist, bis auf das rote Fruchtfleisch ihrer Beeren, sehr giftig. Pferde, die von den Nadeln gefressen haben, sterben an Herzversagen. Unter den Nadelhölzern besitzt die Eibe das härteste Holz. Es ist extrem elastisch, weshalb die Kelten ihre Langbögen vorzugsweise aus diesem Holz bauten. Die Färbung und Maserung des Holzes ist einzigartig. Violettgestreiftes Orangebraun wechselt mit malvenfarbenen, wellig verlaufenden Jahresringen. Dazu unregelmäßig verteilt, gesprenkelte, dunkelbraune Maserpunkte. Ein sehr attraktives Holz, passend für jede Damaszenerklinge.

Rotbuche

Europäischer Laubbaum mit imposantem Erscheinungsbild. Höhe bis 40 Meter und Stammdurchmesser bis 1,5 Meter. Auch Buchenholz wird bei Außenlagerung schnell von Pilzen befallen und verstockt. Diese Fäulnis- und Pilzlinien im Holz ergeben sehr vielfältige Zeichnung, die manchmal an Marmor erinnern. Durch Einfärben der hochviskosen Plexiglasmasse (alle Farben sind möglich) ergeben sich überraschende Effekte im Holz.

Eiche

Die Eiche ist unser imposantester Laubbaum. Vor allem im Winter ohne Laub zeigt er seine Urwüchsigkeit und Kraft. Er ist nicht umsonst der Sagenbaum der Germanen. Es gibt die Eiche in den Arten Stieleiche und Traubeneiche, was sich auf die Wuchsform der Früchte – die Eicheln – bezieht. Die einen hängen einzeln an Stielen, die anderen zu mehreren zusammen an einem Stiel. Die Holzqualitäten sind identisch. Der Baum kann eine Höhe von 50 Metern erreichen bei Stammdurchmessern von zwei Metern und mehr. Bei alten, teilweise mehrhundertjährigen Exemplaren gibt es Stammdurchmesser von bis zu 4 Metern. Das Holz ist sehr hart, zäh und schwer. Maserholz kommt eher selten vor und zeigt ausdrucksstarke Maserpunkte. Durch den hohen Anteil an Gerbsäure im Holz ist es nur für Messerklingen aus rostfreiem Stahl geeignet.

Ahorn

Laubbaum. Er wird etwa 20 Meter hoch mit einem Stammdurchmesser bis zu einem Meter. Es gibt ihn in den Exemplaren Bergahorn und Feldahorn. Das Alter geht bis zu 200 Jahre und mehr. Er kommt in ganz Europa vor. Der Ahorn bildet öfter im Wurzel- und Stammbereich Maserknollen aus, in dem dann wunderschön gezeichnetes Holz zu finden ist. Dieses Holz ist relativ hart und dicht, wird aber häufig auch stabilisiert, weil – dann ist man auf der sicheren Seite.

Buckeye Burl (kalifornische Rosskastanie)

Laubbaum, ursprünglich auf Europa beschränkt, ist die Kastanie heute auch in Nordamerika anzutreffen. Ein stattlicher Baum mit Höhen um die 30 Meter bei einem Stammdurchmesser bis 1,5 Metern. Das Holz ist hart mit poriger Zeichnung. Doch insbesondere die Früchte sind eine begehrte Nahrungsquelle für Reh, Hirsch und Sau. Maserqualitäten ergeben sich fast ausschließlich durch Holzwucherungen. Da diese sehr oft porös und brüchig sind, werden sie stabilisiert, was zur Fixierung der oftmals überwältigend schönen Maserung führt. Messerhölzer aus der kalifornischen Rosskastanie weisen eine Besonderheit auf. Der Baum hat aufgrund der Trockenheit der Standorte ein überdimensional großes Wurzelwerk entwickelt und kann darin große Wassermengen speichern. Aufgrund dieser Eigenart sind einige Wurzelstränge manchmal armdick und ineinander verschlungen. Das Holz dieser Wurzeln ist porös, zeigt aber eine außergewöhnliche Vielfalt an Maserung, Streifen, roten und rotbraunen Punkten. Es ist aufgrund dieser Vielgestaltigkeit der Zeichnungen einmalig auf der Welt. Durch das Stabilisieren hat man dieses Holz einer normalen Bearbeitung zugänglich gemacht. Es ergeben sich phantastische Hölzer für den Messerbau.

Zwetschge (Hauspflaume)

Heimischer Obstbaum mit vielen Unterarten. Laubholz mit einer Wuchshöhe von etwa 6 bis 11 Metern. Stammdurchmesser 35 – 45 Zentimeter. Das Holz ist dicht und hart. Es ist streifig gemasert. Im Wurzelbereich können auch effektvolle Holzzeichnungen auftreten in einem blau-violetten Farbmuster. Die Früchte – Pflaumen – zählen zu den Steinfrüchten und werden für vielerlei Gerichte verwandt. Am bekanntesten und beliebtesten ist der Zwetschgenkuchen.

Zirikote

Laubbaum. Kommt in Mittelamerika und in der Karibik vor Das Holz ist sehr hart, schwer mit einer hellgelben bis schwarzen Färbung, die an japanische Tuschezeichnungen erinnert. Man könnte meinen, man habe oben in den Stamm schwarze Tinte laufen lassen. Sehr attraktives Messerholz und für Küchenmesser sehr geeignet.

Golden Madrone

Kommt aus Südostasien und zählt zu den Lorbeergewächsen. Hauptverbreitungsgebiete sind Indonesien, Malaysia, Vietnam und Kambodscha. Das hellbraune Holz ist dicht, hart und mittelschwer. Die Maserung ist einmalig und polierte Hölzer erreichen eine Tiefenwirkung, die fast dreidimensional ist.

Cocobolo

Laubholz. Gehört zu den Palisanderarten. Kommt aus Mittelamerika und wächst entlang der Pazifikküste von Mexiko bis Panama. Der Baum erreicht eine Höhe bis 15 Meter bei einem Stammdurchmesser von etwa 50 Zentimetern. Das Holz hat ein Farbspektrum von hellgelb, orange bis rötlich und tief dunkelrot Es ist hart und dicht. Die Maserung verläuft in unregelmäßigen Streifen, wobei sich alle geschilderten Farben finden können. Der Ölgehalt im Holz ist so hoch, dass aufgetragene Ölpolitur manchmal gar nicht angenommen wird. Es reicht dann, nur zu polieren.

Redwood

Der so genannte Küsten-Mammutbaum wächst in den Küstengebieten Nordkaliforniens und Oregons und wird über 110 Meter hoch. Auch das Alter kann sich sehen lassen. Das höchste Alter wurde durch Jahresringzählung auf rund 2200 Jahre bestimmt. Das Holz ist zwar relativ leicht aber sehr dauerhaft. So werden z.B. die Maserqualitäten aus abgeschnittenen Wurzelstöcken geschnitten, die schon Jahrzehnte im Boden gestanden haben ohne zu verfaulen. Das Holz nimmt sehr gut das Finishing Oil auf, wird dadurch sehr fest und hochglänzend.

Padouk

Laubholz mit dichtem, hartem Holz. Der Baum wird etwa 15 - 20 Meter hoch (je nach Wuchsgebiet). Man unterscheidet zwei Arten. Eine mit rotem Kernholz, eine andere mit braunem Kernholz. Vorkommen in den tropischen Trocken- oder Feuchtwäldern Westafrikas als auch Asiens. Hauptvorkommen in Birma, Region Padouk, daher der Name.

Bubinga

Die Bäume kommen aus dem Kongo, Kamerun und Gabun, also Zentral- und Westafrika. Es sind immergrüne Bäume, die Wuchshöhen von bis zu 50 Metern erreichen. Die geraden und zylindrischen Teile sind teilweise 25 Meter lang und der Stammdurchmesser beträgt bis zwei Meter. Das Kernholz besitzt eine rötliche bis tief dunkelrote Farbe. Das Holz ist sehr hart und schwer, lässt sich aber gut bearbeiten.

Elfenbein

Eines der edelsten Materialien ist afrikanisches Elfenbein. Die Stoßzähne , bzw. das beinerne Horn des Elefanten ist unvergleichlich, sowohl was Aussehen als auch das Griffgefühl angeht. Leider ist es so gut wie nicht mehr zu bekommen, und wenn, dann nur zu exorbitanten Preisen und natürlich mit Cites Bescheinigung.

Aber es gibt auch das urweltliche Mammutelfenbein. Dieses stammt vom Mammutelefanten und wird hauptsächlich in Sibirien aus dem Permafrostboden ausgegraben. Doch nicht nur die Stoßzähne der Mammuts, nein, auch deren Knochen sind begehrte Griffmaterialien.

Sowohl die Stoßzähne als auch die Knochen haben aufgrund der langen Lagerung im Erdreich – 20.000 Jahre und mehr – mineralische Einlagerungen erfahren, die zu überraschenden Farbtönen geführt haben. Von Blau, Gelb, Grün bis Braun – alles ist dabei. Hinzu kommt, dass die Strukturen, die die Zeit in diese knöchernen Materialien gegraben haben, ein zusätzliches, reizvolles Stilelement bilden. Besonders apart und vielfältig in der Zeichnung sind aber die großen Backenzähne der Mammuts. Hier finden sich fast alle Farben wieder, die man von Mineralien her kennt.

Giraffenknochen

Die Knochen der Giraffen sind sehr dicht und hart und werden daher gern als Ersatz für Elfenbein genommen. Der Farbton ist etwas weißer als Elfenbein, aber wenn es poliert ist, kann man den Unterschied kaum erkennen.

Kamelknochen

Nicht so fest in der Struktur wie Giraffenknochen, aber doch noch dicht und hart. Durch die etwas offeneren Poren lässt sich Kamelknochen gut einfärben und bietet dann – vor allem wenn er hoch poliert ist – ein fast durchsichtig anmutendes Erscheinungsbild.

Walrosszahn (nur mit Cites Bescheinigung)

Sehr weiß, sehr dicht und hart mit einer feinen Struktur. Auf Hochglanz poliert eine Augenweide. Etwas bruchempfindlich was die Oberfläche angeht (Feinsplitter). Wird gerne für Damast-Rasiermesser genommen, was in der Gesamtheit sehr edel aussieht.

Büffelhorn

Relativ weiches Material mit einer manchmal lyra/schleierförmigen Struktur. Von Schwarz bis zu einem hellen Gelb ist alles dabei.

Ziegen- oder Schafhorn, Gamskrucken

Hier ist vor allem die gewachsene Oberflächenstruktur das Stilelement. Aber auch die Farbgebung und die Oberflächenrauigkeit spielen eine Rolle.

Alle möglichen Materialien für Messergriffe aufzuzählen, würde den Umfang dieses Buches sprengen. Von Edelsteinen wie Opalen und Labradorit bis hin zu dem Edelstein der Ostseeküsten, das Bernstein, alles ist verwendbar, sofern es sich in Form schleifen lässt. Es muss halt gefallen und zum Klingenstahl passen.

VII. Scharf muss sein; eine kleine Schärfanleitung

Dass ein neues Messer als häufig benutztes Werkzeug eine gute Gebrauchsschärfe aufweisen muss, setzt jeder Käufer voraus.

Das ist auch bei den meisten der Fall, obwohl die wirklichen Qualitätsmesser, seien sie aus Monostahl oder Damaststahl, doch deutlich schärfer sind.

Nun gehört es zum normalen Verschleiß, dass ein Messer durch Benutzung in der Schärfe nachlässt. Je nach Schnittgut früher oder später. Bereits hier machen sich Unterschiede bemerkbar. Bei teuren und hochwertigen Stählen tritt diese Abnutzung der Schärfe wesentlich später ein. Die so genannte Schnitthaltigkeit, also die Standfestigkeit der Schneide, ist weit höher als bei einem Messer für 13,50 Euro.

Nun sollte man mit dem Nachschärfen nicht warten, bis völlige Stumpfheit eingetreten ist. Doch jetzt fangen die Schwierigkeiten an. Wie und womit soll ich mein Messer schärfen. Manche gehen an den rotierenden Schleifstein. Das Ergebnis; dort gibt die Klinge funkensprühend ihren Geist auf. Die Schleifhitze an der feinen Schneide ist so hoch, dass sie der sorgfältigen Härtung den Garaus macht. Die Klinge ist Schrott.

Bei Billigmessern macht es nicht viel aus, wenn ich die kleinen rabiaten Schärfhelferlein einsetze, die man überall für wenig Geld kaufen kann. Bei ihnen erfolgt der Schärfvorgang in aller Regel über zwei Hartmetallsegmente, die in V-förmiger Stellung angeordnet sind. Beim Durchziehen der Klinge wird von der Schneide Material abgetragen und somit für kurze Zeit vorgespiegelt, das Messer sei scharf. Doch in aller Regel hält diese Grobschärfe nicht lange und der Vorgang muss wiederholt werden, letztlich bis zum Ende der Klinge oder dem Einsetzen der eigenen Resignation.

Doch gerechterweise muss man sagen, dass es bei diesen Durchzieh-Schärfvorrichtungen auch durchaus gute und empfehlenswerte Geräte gibt, die jedoch relativ teuer sind und den Nachteil behalten, dass sie immer noch relativ viel Material von der Schneide abtragen.

Ein Schärfutensil, das jeder kennt, ist der Wetzstahl. Ich selbst habe früher immer voll Bewunderung dem Metzger zugesehen, wenn er nach nur wenigen Zerwirkschnitten oder beim Ausbeinen mit flinken und gekonnten Handbewegungen seine Messer wieder scharf machte; wobei diese Messer dann wirklich scharf waren. Doch die gleichen Messer habe ich auch nach halbjährigem Gebrauch gesehen. Interessante Formen hatten sich dann eingestellt. Dünn die Klingen und in der Mitte leicht bogenförmige eingeschliffen konnte man erkennen, dass das ständige Wetzen diese Messer auch stark verbrauchte. Die Stähle dieser Schlachtermesser sind weich. Rockwellhärten so um die 50 hrc lassen die Schärfe rasch verschwinden, aber ebenso rasch lässt sie sich wieder herstellen. Unsere Vorfahren, die noch mit der Sense ihr Heu mähten, kannten den gleichen Effekt. Mit dem nass gehalten Wetzstein war die Sense im Nu wieder scharf, wobei allerdings die Dünne der Sensenschneide auch noch eine gewichtige Rolle spielte.

Bei hochwertigen Klingen mit Härten um die 61 bis 63 Rockwell und höher ist jedoch der Wetzstahl das Instrument, mit dem man in Windeseile die Klingenschneide versauen kann. Der Wetzstahl kümmert sich nicht um Schneidengeometrie und Schärfwinkel. Er setzt da an, wo die Hand ihn zufällig hinführt. Man erzeugt so eine partielle Schärfe, die sich selten über die gesamte Schneide erstreckt. Also greift man wieder zum Wetzstahl, schärft nach und haut sich bei dieser Gelegenheit manche Macke in die bisher makellose Klinge. Überzeugend ist das nicht. Gerade bei sehr teuren Messer, teilweise spiegelpoliert, verliert man die Freude am Messer, wenn einem die Kratzer förmlich in die Augen springen; wobei der Frust besonders groß ist, wenn man die Macken selber reinhaut. Und bei Damaszenermessern, wo ja gerade die herrliche Zeichnung des Damastes Freude bereitet, trüben solche Schrammen den visuellen Eindruck nachhaltig.

Was also tun. Eine bewährte und sehr gute Methode ist das Schärfen auf zugerichteten Steinen – egal ob Wassersteine oder Ölsteine. Mit dieser Methode ist es möglich, eine Schärfe zu erzeugen, die es tatsächlich möglich macht, ein Haar zu spalten. Doch die Handgeschicklichkeit, die dazu notwendig ist, hat nicht jeder. Ich zum Beispiel schaffe es nicht, die Schärfwinkel von Hand einzuhalten. Insofern war das Ergebnis meiner Schärfbemühungen nie überzeugend. Wer sich aber für diese Schärftechnik interessiert, dem sei „Leo's Messerschärfseite" im Internet empfohlen.

Die Amerikaner, gerade in Sachen Schärftechnik führend, haben sinnvolle Gerätschaften entwickelt, diese Probleme zu beheben. Ich habe mir als erstes ein solches Gerät (Lansky) gekauft, doch glücklich geworden bin ich damit auch nicht. Das Auspacken und Befestigen der einzelnen Teile am Tisch, dann die Benutzung der verschiedenen Steinkörnungen usw. war mir alles zu umständlich. Folge war, dass ich mit dem Nachschärfen der Messer zu lange wartete – und dann war es jedes Mal ein Akt, die Schärfe wieder herzustellen. Doch ein Vorteil hatte dieses Schärfgerät. Man verhunzte auf keinen Fall seine Klinge. Allein das war schon ein Gewinn.

Heute habe ich sowohl den „Spyderco Sharpmaker" und auch das „Lansky De Luxe Crock Stick". Beide absolut simpel in der Handhabung. Bei dem Spyderco sind es zwei, im 30 Grad Winkel zueinander gesteckte, dreieckige Keramikstäbe, an denen das Messer senkrecht nach unten an den Stäben vorbei geführt wird. Der Spyderco Sharpmaker ist mehr für rostfreie Chrommesser gedacht. Bei dem Lansky Crock sind es insgesamt 4 Stäbe, einmal im 25 Grad Winkel gesteckt und direkt daneben im 20 Grad Winkel. Auch hier die gleiche Funktionsweise wie bei dem Spyderco. Nach nur wenigen Strichen habe ich meine Messer wieder scharf, wobei das Lansky mit dem 20 Grad Winkel die Küchenmesser so scharf macht, das man sich davor fürchten kann. Beide handlichen Geräte stehen auf meinem Werktisch, und wenn ich das Gefühl habe, mein Frühstücksdamastmesser schneidet die Tomate nicht mehr sofort im ersten Ansatz, gehe ich runter in den Werkraum, drei, vier, fünf Striche mit der Schneide an den Keramikstäben, ein kleiner Probestrich über den Handrücken, und wenn dort die Haare fliegen ist das Messer wieder scharf – sauscharf!

Fazit: Absolut empfehlenswert, gerade für teure und hochwertige Messer.

Nun ist das Ende dieses Streifzuges durch die faszinierende Welt des Schmiedens und der handwerklichen Messerherstellung erreicht. Es gäbe noch viel zu sagen, aber ich glaube, für die Liebhaber von außergewöhnlichen Messern ist ein hohes Maß an Wissen und Erkenntnissen weitergegeben.

Nicht alles hat in diesem Buch Platz gefunden. Dazu ist die Materie zu umfangreich. Doch ein gewisses Maß an Freude und Entspannung – auch Anregung – war hoffentlich dabei.

Ich wünsche jedem Leser dieses Buches,
der mit offenen Sinnen die Eindrücke gesammelt hat,
das Messer, das er sich wünscht.

Ein Schmankerl aber sei noch angefügt.
Es ist eine Eigenkreation des Autors.
In Form und Design ganz eigenständig und letztlich auch einmalig: Das **SHS-Aufbruchmesser**

Das SHS-Aufbruchmesser

VII. Dreiklang in Stahl

Messer haben ja eine Faszination an sich. Dies gilt vor allem für Messerformen, die über das Übliche hinausgehen. Sie sind dann nicht nur Werkzeuge, sondern durch gehobene Materialien beim Klingenstahl, bei den Griffhölzern oder sogar dem außergewöhnlichen Mammutelfenbein, zugleich Kunstgegenstände mit besonderem Wert.

Ich habe vor einiger Zeit ein Messer entworfen, das sowohl den Anforderungen im jagdlichen Gebrauch in besonderer Weise nachkommt, als auch den Formensinn vieler Jäger – aber auch Nichtjäger – anspricht. Wobei auch das weibliche Geschlecht ebenfalls ein gewisses Maß an Neugier zeigt.

Es ist mein SHS-Aufbruchmesser. SHS steht für Saal-Herscheid-Sauerland und der Name Aufbruchmesser ist zwar etwas irreführend (richtigerweise müsste es Aufbrechmesser heißen), aber mir gefiel halt Aufbruchmesser besser.

Was ist nun das Besondere an diesem Messer? Zuerst fällt die kurze, sehr schräg gestellte Klinge ins Auge. Und das zweite besondere Merkmal ist die halbmondförmige Ausbuchtung vor der Klinge. In dieses ausgeprägte Halbrund passt nämlich exakt der Daumen. Üblicherweise wird ja jedes Messer beim Aufbrechen von Schalenwild umgedreht, also mit der Schneide nach oben, gehalten. Wichtig dabei ist, dass das Messer absolut fest in der Hand liegt und so eine saubere Schnittführung ermöglicht. Die halbmondförmige Ausformung vor der Klinge ist dabei das entscheidende technische Kriterium.

Denn der Daumen gibt beim Aufschärfen die Führung vor, während das stark eingeschwungene Griffende sich fest unter die Handmaus schmiegt. Ein Wegrutschen nach vorne oder Verdrehen in der Hand ist bei dieser Griffform so gut wie ausgeschlossen.

Nun kommt noch eine weitere Eigenart der sehr schräg gestellten Klinge ins Spiel. Sie hat eine Klingenbreite von satten 4 Zentimetern. Durch die Schräge plus den 4 cm Klingenbreite (= höhe) kann man das Messer beim Aufbrechen insgesamt waagerechter halten und trotzdem schneidet die Klinge, weil die Bauchdecke sich immer noch über die Schärfe der Schneide schiebt. Die Gefahr des Einschärfens in den Pansen ist deutlich minimiert. Aber auch bei der normalen Messerhaltung, also Schneide unten, liegt der Griff satt in der Hand, zumal das eingeschwungene Griffende sich quasi hinter den kleinen Finger klemmt. Das Aufschärfen des Wildes und alle denkbaren Schneidewinkel sind ohne Probleme zu bewerkstelligen.
Nun muss gerechterweise eingeräumt werden, dass durch die Kürze der Klinge der 200 Kilo Hirsch oder der 100 Kilo Keiler nicht die Paradedisziplin des Aufbruchmessers ist. Dazu ist es zu zierlich. Aber Rehwild und der 50 Kilo Überläufer gehen leicht von der Hand.
Und die Schärfe der Kohlenstoffklingen, sei es Damast oder auch Monowerkzeugstahl, ist unübertrefflich. Keine Klinge der fast überall und in allen Spielarten anzutreffenden, rostfreien Messern aus Chromstählen kann diese Schärfe an der Schneide bereitstellen wie es die sogenannten „rostenden“ Stähle mit Leichtigkeit können. Das liegt zum einen daran, dass diese Stähle wesentlich höher gehär-

tet werden können – 60 bis 63, teilweise sogar 65 HRC – und auch die spitzwinkelige Ausformung der Schneide, die sogenannte Schneidengeometrie mit ihren 20 bis max. 25 Grad viel feiner ist als bei Chromstählen (dort üblicherweise 30 Grad). Klingen aus Chromstahl sind meistens nur gehärtet zwischen 56 bis etwa 58 Rockwell (HRC).

Ein renommierter Messermacher hat mal zu dem Unterschied von Kohlenstoffklingen zu Chromklingen den Spruch losgelassen: *„Chromklingen sind die Mittelklasse, Messer mit Kohlenstoffklingen die Ferraris".*

Aber – und das soll nicht verschwiegen werden, Damastmesser oder Messer in Armiertechnik sind aus legierten Werkzeugstählen hergestellt, die alle nicht rostfrei sind. Sie bedürfen der Pflege, dann rosten sie auch nicht! Ich muss mir also, wenn das erlegte Stück versorgt ist, ein paar Gedanken zu meinem wunderbaren Messer machen, als da sind: sorgsam abspülen, gut abtrocknen und möglichst rasch wieder einölen – fertig. Ich habe im Auto ein kleines, ledernes Schlüsseltäschchen. Dort befindet sich in einer kleinen Plastiktüte ein mit Ballistol getränktes, ehemaliges Brillenputztuch. So habe ich immer ein Ölläppchen zur Hand. Auch das Gewehr ist dankbar, wenn es nach Regen oder Nebelwetter trockengewischt und wieder leicht eingeölt wird.

Erstaunlicherweise greift Wildbretschweiß den Kohlenstoffstahl in der Weise an, dass sich der Farbton des Stahls verfärbt, häufig wie gebläut. Dieser Farbton verschwindet, sobald das Messer mit einem Öltuch abgewischt ist.

Nun zu den technischen Daten des SHS-Aufbruchmessers. Das Messer hat eine Gesamtlänge von 20,5 Zentimetern, wovon auf die Klinge 9 Zentimeter entfallen. Die Klinge hat 4 Zentimeter Breite an der höchsten Stelle. Klingenstärke 4 Millimeter. Die größte Breite der Neusilberbacken beträgt 2,5 Zentimeter und der Griff misst bis zum Ende wiederum 9 Zentimeter. Das Gewicht beträgt, je nach Holzart, zwischen 240 bis 275 Gramm.

Hier nun die Bildpräsentation des Dreiklangs einer identischen Messerform.
Als erstes sei ein außergewöhnlich schönes Exemplar eines Damaszenermessers vorgestellt. Die Damaststahlplatte, aus der die Klinge hergestellt ist, stammt aus einer der besten Damaststahlschmieden, die wir in Deutschland haben. Sie ist von Markus Balbach, Schmiedewerkstätten im Taunus hergestellt. Markus Balbach hat sich einen Namen gemacht durch seine Waffenstähle (Kanonenrohr des Kampfpanzers Leopard I und II, Panzerung des Schlachtschiffes Tirpitz usw.), die er mit anderen Werkzeugstählen zu Damaststählen verschmiedet. Balbach stammt aus dem Sauerland, einer Gegend, die schon von alters her mit dem Schmiedehandwerk verbunden ist. Er versteht es wie sonst kaum einer, einen wundervollen Torsionsdamast zu schmieden.
Das SHS-Aufbruchmesser harmoniert mit diesem Torsionsdamast auf einzigartige Weise. Das liegt an der Eigenart der Klinge, die eben sehr kurz und breit ist und in einer Dreiecksform ausläuft. Durch den schrägen, keilförmigen Anschliff von der Schneide hoch zum vier Millimeter starken Klingenrücken und der sich zur Spitze hin stark verjüngenden Form erscheinen fast alle Muster, die der Torsionsdamast zu bieten hat. Wobei hinzu kommt, dass Damaszenermesser immer zwei „Gesichter" haben (siehe Bilder auf den nachfolgenden Seiten).

SHS–Aufbruchmesser – rechte Messerseite
Torsionsdamastklinge mit 160 Lagen aus dem Werkzeugstahl 1.2842 und dem Werkzeug–Nickelstahl 1.2767, Backen aus Neusilber und Griff aus Wüsteneisenholz der Premiumklasse. Das untergelegte Reststück Wüsteneisenholz (Herkunft: Wüste Sonora, Arizona) zeigt sehr ausdrucksstark, was dieses Holz so begehrt und teuer macht.

SHS–Aufbruchmesser – linke Messerseite

Das nächste SHS-Aufbruchmesser ist, bis auf die Form, gänzlich anders. Hier hat der Schmied und Messermacher Kilian Kreutz aus dem kurkölnischen Sauerland eine Klinge in Armiertechnik geschmiedet. Dabei wird ein hoch härtbarer Werkzeugstahl – in diesem Fall der Wälzlagerstahl 1.3505 – links und rechts mit dem elastischen Federstahl (1.8159) verschmiedet.

Diese Technik lässt zu, dass der in der Mitte gelegene Schneidstahl bis zu 63/64 Rockwell gehärtet werden kann. Für sich alleine wäre eine solche Klinge aufgrund der Sprödigkeit des hohen Härtens bruchgefährdet (63 Rockwell ist zum Beispiel härter als Glas). Die Lagen Federstahl links und rechts stabilisieren aber den Schneidstahl derart, dass die Bruchgefahr gebannt ist. Es lässt sich eine Schärfe an der Schneide herstellen, die traumhaft, ja förmlich aggressiv ist.

Als Schmankerl hat Kilian Kreutz, passend zu der Klinge, Damaszenerbacken angefertigt in dem nur ihm eigenen Torsionsdamastmuster. Der Stahl der Backen besteht aus den Werkzeugstählen 1.2842 und 75Ni8 (schwedischer Nickelstahl).

Ein Wort noch zu Kilian Kreutz. Er ist, trotz seiner jungen Jahre, ein herausragender Schmied und zugleich exzellenter Messermacher (was man selten zusammen findet). Seine Messerkreationen sind auf dem deutschen Markt einzigartig, sowohl was das Design angeht als auch die Feinheit und Perfektion in der Endfertigung.

Endbearbeitete Klinge
mit den Torsionsdamastblöcken für die Backen

Sehr schön zu sehen,
der mittig verlaufende Wälzlagerstahl

Und hier das fertige Messer.

Im Gesamteindruck ein hochelegantes Messer, wobei die Torsionsdamastbacken besonders edel wirken. Typisch für die Armiertechnik ist die gewellte Linie in der Klinge, die durch den Anschliff entsteht. Es zeigt sich nach unten die sogenannte Schneidlage. Passend dazu das Griffholz aus Laurel Maser, ein immergrüner, südamerikanischer Baum aus Chile mit einer Wuchshöhe bis zu 30 Meter.

Das dritte SHS–Aufbruchmesser

Das dritte Messer im Bunde ist wiederum ein Damaszenermesser, Klinge ebenfalls von Kilian Kreutz. Es wurden drei unterschiedliche Werkzeugstähle im Torsionsschmiedeverfahren (Torsion/tordieren = Verdrehen) miteinander verschmiedet und durch immer neues Aufeinanderlegen der gereckten Schmiedeschiene 320 Lagen Damast erzeugt. Die so hergestellte, verschweißte, aber immer noch rechteckig – flache Schmiedeschiene wurde zum Schluss unterm Schmiedehammer zu einem Vierkant geformt, der dann im glühenden Zustand mehrfach verdreht wurde. Dieser gewellte Vierkant wird anschließend wieder zu einer flachen Schiene geschmiedet.

320 Lagen Torsionsdamast der Werkzeugstähle 1.3505, 1.2442 und 75Ni8. Alle drei Stahlsorten ergänzen sich mit ihren physikalischen Eigenschaften auf's vortrefflichste und ergeben neben der hohen Schärfe eine Standfestigkeit der Schneide, die ihresgleichen sucht.
Der Werkzeugstahl 1.2442 wird unter anderem für hochbelastbare Metallsägen wie auch Band- und Kreissägen verwendet. Durch den Wolframanteil im Stahl ist er sehr hart und extremen Hitzebelastungen gewachsen.

Als Griffholz kam das seltene und auch teure Royal Ebony (schwarz-weißes Ebenholz) zur Anwendung. Das Muster des Holzes korrespondiert wunderbar mit der einmaligen Zeichnung des Damastes.

Zum Schluss die überraschende Erfahrung dieses Dreiklangs. Alle drei Messer sind, obwohl sie die gleiche Form aufweisen, grundverschieden, man könnte meinen, es seien immer andere Messer. Und genau das ist auch das Faszinierende beim Sammeln handwerklich hergestellter Messer. Es sind immer Unikate. Alle sind individuell hergestellt; einmal durch die Hand des Schmiedes, der unterm Lufthammer den Stahl verschweißt, und folgend durch das Geschick des Messermachers beim Freihand - Einformen des Griffs. Insofern gibt es nie ein Gleiches.

Verantwortlich für die handwerklich saubere Endfertigung ist Thomas Roth aus Dortmund, der die Messer in meinem Auftrag anfertigte.

Nun wird sich mancher fragen, was kostet so ein Messer. Die Preise variieren, je nach Aufwand und Holzqualitäten um die 700 Euro. Ein Messer in vergleichbarer Qualität des Wüsteneisenholzmessers liegt bei 750 Euro. Bei Interesse kann ein SHS-Aufbruchmesser individuell und nach Kundenwünschen angefertigt werden. Lieferzeit etwa 4 – 5 Wochen. Das Messer gibt es auch in einer 19 Zentimeter langen Ausführung für Damen. Preise sind jedoch identisch.
Wie schärft man nun so ein Messer, ohne sich Macken in die teuren Klingen zu schlagen (den Wetzstahl sollte man gleich verbannen). Ich habe, nach vielen Versuchen, den De Luxe Crock Stick von Lansky gekauft. Er ist mit vier Keramikstäben ausgestattet, die V-förmig im 20 und 25 Grad Winkel angeordnet sind. Ist mit 30 Euro nicht zu teuer und man kann mit ihm Rasiermesserschärfe erzeugen.

Werkzeugstähle als Rundmaterial

Stahl-Legende der vorgenannten Werkzeugstähle

Stähle werden dann als rostfrei bezeichnet, wenn im Stahl 12 bis 15 % Chrom vorhanden sind (sogenannter Edelstahl). Die eingelagerten Chromkarbide sind zwar sehr hart, aber im Korn deutlich größer als Kohlenstoffkarbide. Das führt dazu, dass die Chromkarbide aus sehr feinen Schneiden ausbrechen. Deswegen haben Chromklingen einen Schneidwinkel von 30 Grad.
Werkzeugstähle haben wegen der in der Industrie erforderlichen Härte und Standfestigkeit hohe Kohlenstoffanteile (0,8 bis etwa 1,2 %). Bei Kohlenstoffstahl führt Nässe unweigerlich zu Rost. In der Industrie werden die Werkzeuge aber immer mit Ölzufuhr eingesetzt (Stanz- und Schnittwerkzeuge, Sägen usw.). Insofern besteht dort die Gefahr nicht.

Die Stahlsorten werden in Deutschland u.a. nach einem Stahlschlüssel geordnet.

1.2442 – Stahl für hochbeanspruchte Metallsägen der Industrie, Kreis- und Bandsägen, sehr hart und hitzefest durch hohen Wolframanteil (1,9 %),

1.2767 – sehr zäher Kaltarbeitsstahl, Einsatz als Schermesser zum Schneiden von Schrott, aber auch Stanz- und Biegewerkzeuge (4 % Nickel, zeichnet im Damast silbrig),

1.2842 – der häufigst verwandte Werkzeugstahl, extra reines und gleichmäßiges Gefüge. In der Industrie für Stanz-, Schnitt- und Schneidwerkzeug eingesetzt,

1.3505 – durch Silizium und Chrom sehr verschleißfest. Einsatz als Wälzlager, sowie Rollen- und Kugellager. Einspritzanlagen in Automobilmotoren.

1.8159 – chrom-vanadium legierter Federstahl mit hohem Siliziumanteil (Silizium gibt dem Stahl die Federeigenschaften). Einsatz im Automobilmotor als Nockenwelle, als Dämpfungsfeder, aber auch Maschinenbauteile

75Ni8 – schwedischer Nickelstahl (2% Nickel, helle Zeichnung im Damast) für Messerstähle und Sägen

Homepage: www.kreutz-metallgestaltung.de
www.schmiede-balbach.de
www.lansky-shop.de

Und nun zum Ausklang und als endgültiger Schlusspunkt dieses Buches ein Messer zum Genießen, total außergewöhnlich, ja einmalig und blendend schön in seiner Gesamtheit.

Ein Messerliebhaber, der die Arbeiten von Kilian kennt und seine Kreationen schon seit Jahren verfolgt, trat an ihn heran mit der Frage, ob er ihm sein Traummesser anfertigen könne. Die Kosten sollten keine Rolle spielen.

Er legte eine Zeichnung vor, und da das Messer in die Vorstellungswelt von Kilian passte und zugleich eine technische und ästhetische Herausforderung darstellte, nahm Kilian den Auftrag an. Klar war, dass er gewisse Änderungen, die seinem Stilempfinden entsprachen, vornahm, aber es blieb der Entwurf des Kunden.

Und so entstand eine Messerkreation, angelehnt an die nepalesische Form des Khukuri, jedoch unvergleichlich im Design und überwältigend schön in den Detailausformungen und im Gesamteindruck.

Ein Traum für jeden Messerliebhaber und Sammler

Das Messer hat eine Ausstrahlung, die jeden Messerliebhaber erfasst!

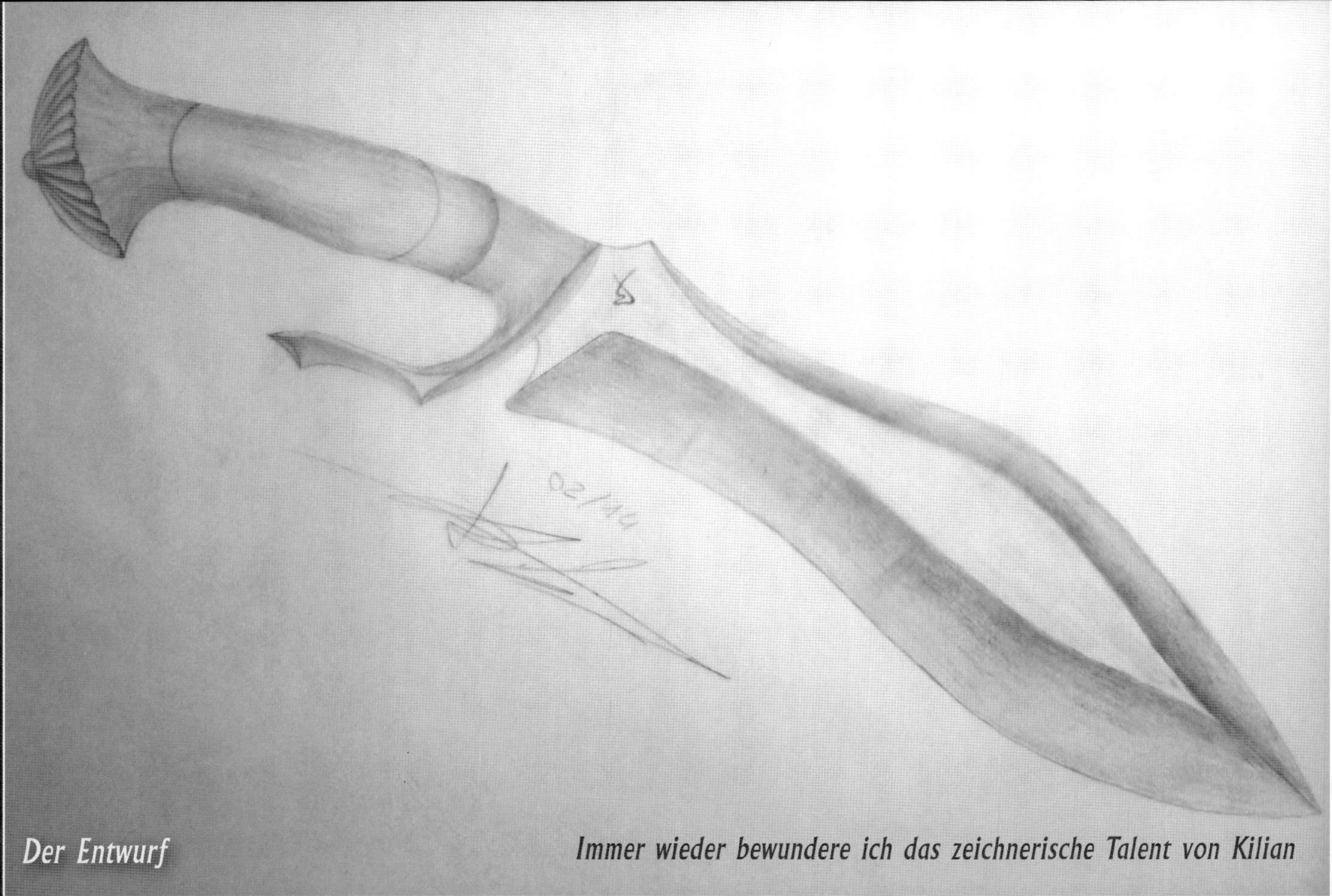

Der Entwurf

Immer wieder bewundere ich das zeichnerische Talent von Kilian

Und dann wieder, wie in Urzeiten, aus dem Feuer entstanden.

Hier hat Kilian aus einem alten Torteil, welches aus Puddeleisen angefertigt war, den Barren für das Parierstück und den Knauf erschmolzen, bzw. in Form geschmiedet.

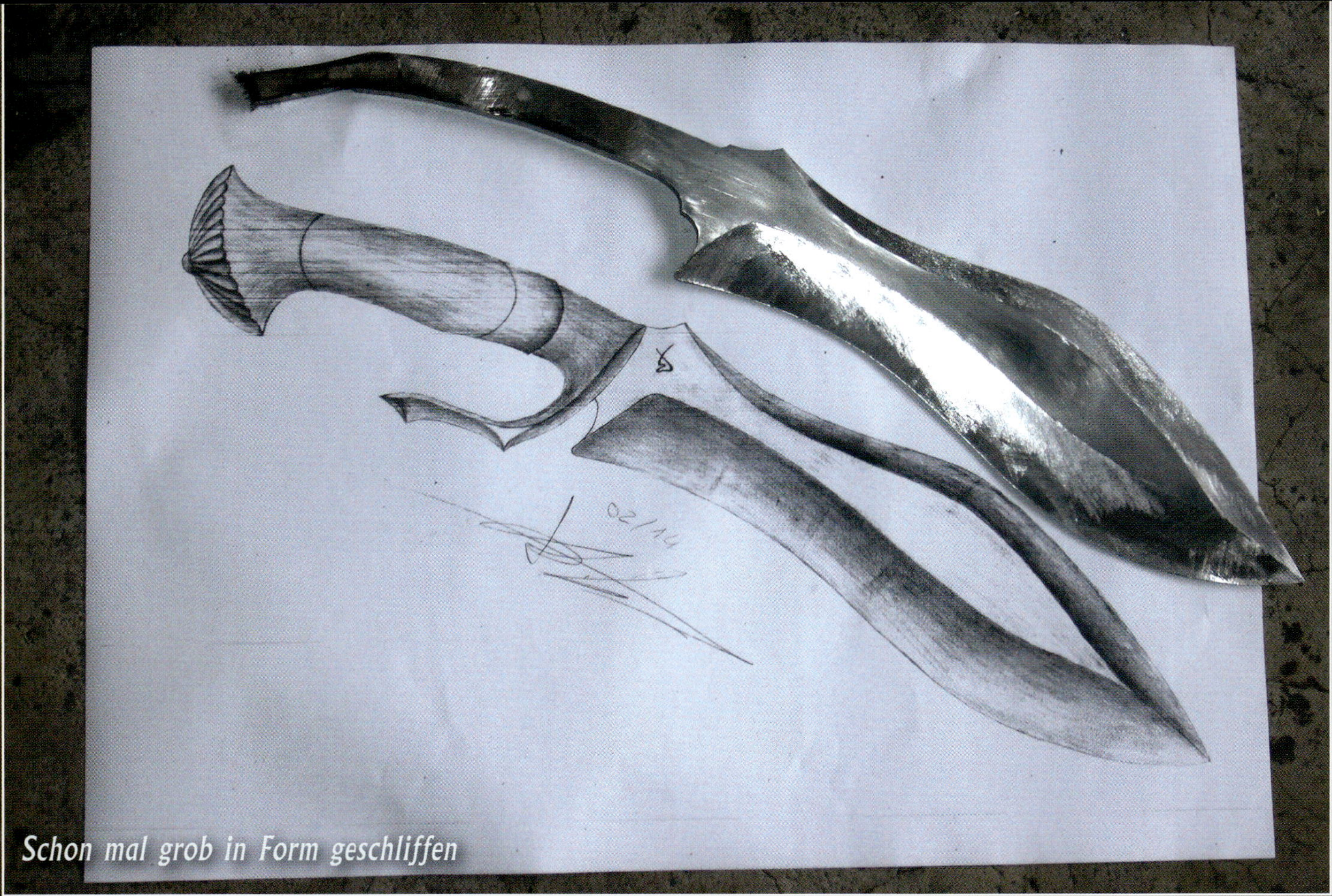

Schon mal grob in Form geschliffen

Hier die Vormontage.

Die vielen Bögen und Rundungen waren auch für Kilian äußerst anspruchsvoll in der Ausarbeitung.

Das Messer ist konzipiert als sogenanntes Steck-Erl Messer, wobei die einzelnen Elemente, jedes für sich, schon sehr aufwändig anzufertigen waren.

Vor dem endgültigen Zusammenfügen der Einzelteile.
Alle sind schon im Endfinish. Die Klinge ist abgeklebt, um Kratzer zu vermeiden.

Gleich welche Seite, es ist bezaubernd schön.

Der Knauf, das Holz – alles passt nahtlos.

Harmonie in Vollendung

Wie aus einem Stück. Sehr schön zu sehen, die nur dem Puddeleisen eigene Zeichnung im Parierelement.

Hier nun die technischen Daten:

Klinge:	geschmiedet aus Kaltarbeitsstahl 1.2235 (Kreis- und Bandsägen)
Parierelement:	Puddeleisen mit angefügtem Bronzegriffteil
Knauf:	Puddeleisen
Griffholz:	Honduras Maserpalisander
Klingenlänge:	ca. 235 mm
Gesamtlänge:	414 mm
Gewicht:	1150 Gramm

Anhang

24. April 1944 / Denunziert und ermordet: Franziskaner Kilian Kirchhoff

Rietberg/Rheda-Wiedenbrück (hec). „*Mit einem letzten Gruß an alle meine lieben Freunde, mit einem Gedenken vor Gott an alle meine Mitbrüder, die mir verbunden waren und an meine Verwandten sterbe ich, von jeder menschlichen Hilfe gänzlich verlassen, einzig im Vertrauen auf Gottes Beistand.*" Das schrieb Pater Kilian Kirchhoff, der … am 24. April 1944, im Zuchthaus Brandenburg-Görden hingerichtet wurde, am Tag seiner Verurteilung.

Franziskanerpater Kilian war von 1924 bis 1943 mit seelsorgerischen Aufgaben unter anderem auch in den Klöstern Rietberg und Wiedenbrück betraut. An der Klosterkirche in Rietberg ist eine Gedenktafel angebracht, die an den Franziskanerpater erinnert. Im Sauerland geboren, wurde der spätere Pater Kilian von seinen Eltern auf den Namen Josef getauft. Nach Beendigung der Gymnasialzeit trat er am 19. April 1914 in die Gefolgschaft des Heiligen von Assisi ein. Sein Theologiestudium wurde vom Ersten Weltkrieg unterbrochen, den der junge Student an der Ostfront als Soldat erleben musste. 1922 wurde Pater Kilian zum Priester geweiht. Neben seinen seelsorgerischen Aufgaben widmete er sich besonders wissenschaftlichen Tätigkeiten in Zusammenhang mit der ostkirchlichen Liturgie. Sie einzudeutschen, wortwörtlich wie nach dem Sinngehalt, der dem Abendland entfremdet war, wurde die Aufgabe seines Lebens. In Klöstern der westfälischen Heimat – unter anderem in Rietberg und Wiedenbrück – hat er sie erfüllt.

Pater Kilian Kirchhoff pflegte unter anderem eine Bekanntschaft und den Briefwechsel mit einer katholischen Familie in Koblenz. Eine der Töchter des Hauses war eine fanatische Nationalsozialistin. Während eines Aufenthalts in der Familie im Jahre 1942 verwickelte sie den ahnungslosen Pater in ein politisches Gespräch und denunzierte ihn später bei der Gestapo. Der Pater habe sich während seines Besuchs in ihrer Familie wiederholt in staatsabträglichem Sinne geäußert und sich in gehässiger Art und Weise über führende Persönlichkeiten geäußert, lautete die Aussage der Frau bei der Gestapo. Nach Verhören und Haussuchung wurde der Ordensmann im Oktober 1943 in der Wohnung eines Schulkameraden, Pfarrer in Dortmund-Hörde, verhaftet. Am 7. März verurteilte ihn der damalige Volksgerichtshof in Berlin zum Tode.

Am Tage seiner Hinrichtung schreibt er an seinen Provinzial: *„Die letzte Stunde soll Dir und dem Abschied von allen lieben Mitbrüdern, Freunden und Verwandten gewidmet sein. Ich habe mich gut auf das Sterben vorbereiten können. (...) Ich bitte nun, allen, auch meinen lieben Verwandten und Brüdern ein herzliches Lebewohl zu sagen. (...) Ich verzeihe meinen Feinden, wie auch Christus am Kreuz den Feinden verziehen hat. (...) Sorge bitte dafür, dass die vorbereiteten Hymnenbände erscheinen können. Auf Wiedersehen in der seligen Ewigkeit."*

Quelle: 24./25.04.2004, glocke-online@die-glocke.de